電気回路・システム特論

工学博士 斎藤 正男 著

コロナ社

まえがき

　電気回路理論の歴史は古い。オーム則やキルヒホッフ則以来，素子の正値性のゆえに回路構造と関数論的表現が見事に対応づけられた。第二次大戦の前後には，「紙と鉛筆」しかない研究者たちがこの理論的問題に情熱を燃やし，線形受動回路と正実関数を主体とする数学体系がほぼ完成した。

　しばらくの間，電気回路論は通信工学をはじめ多くの関連工学分野で活用された。しかし予想されたことだが，コンピュータが普及すると，回路解析・設計法，実現可能性の判定，最適化など多様な技法が，コンピュータの腕力に頼る「計算してみればよい」という気分に覆い隠されてしまった。

　一方，工学教育の見直しの中で，より普遍的な視野を目指す動きが起きた。その一つとして，電気，制御，機械，土木などの人工システム，あるいは水の流れ，地形の変化などの自然システムに対して，「システムの根底にある共通の特性を理解した上で，個々の事情を論じるべきだ」とする「工学システム論」が芽生えた。しかしその意義をはっきり認識している人は少ない。広い視野を目指すのは大変結構なことだが，いまの学生諸君は入試勉強のときの姿勢のまま，あるいは資格の獲得を目指して，「何を学ぶべきか」などと考えることなく流されている。

　最近はメーカーの中堅技術者の相談に乗ると，システム理論の知識が非常に貧弱なことに驚く。現象の本質を見ずにコンピュータ任せで仕事の経験を重ねているが，新しい発展を競うときには，底力がなければ競争に勝てない。技術開発を競う人は，もっと広い視野と洞察力を持って仕事をしてほしい。

　システム理論とは単にデータをまとめることだと考える人が多く，そのような講義によく出会う。しかし安定，受動，固有振動，自由度，閉じた性質…といった基本概念を理解することが，本当は重要である。それがない人は，

まえがき

「やってみなければわからない」手探りの世界にいる。ここで電気回路理論は，法則や特性を簡明に記述できるので，多様な基本概念とシステムを表現する共通言語として用いられ，その意味できわめて重要である。

私は数十年にわたってそのような立場から多数の大学で，学部低学年には初等電気回路理論，学部高学年あるいは大学院学生には電気回路特論や工学システム論の講義を担当してきた。しかし最近の学生は，体系の整った講義や定理の証明などを丁寧に話しても，ついて来ずに眠るだけである。いっぽう，ものの観方としてのシステム理論には興味がある。厳密な話は抜きにして，観光バスから景色を眺めるような大まかな話をすると，「そういうものなのか」と関心を持ってくれる。その程度でよいのかもしれない。

これらの状況を意識し長年の講義経験を基にして，低学年向きには自分の入門書を改訂し，自信作として「電気回路・システム入門」（コロナ社，2006）を発刊した。しかしその上位の教科書としては適当なものがない。現役のときには自分の古い著作，「回路網理論入門」（東京大学出版会，1967）を使い，省いたり補足したりして講義を進めた。しかし退職すると，長年工夫してきた講義をいま風に整理しておくのもよいと思いついた。

この本は，電気関連学科に限らず，電気回路理論あるいはシステム理論の初歩を学んだ一般の理工系学生諸君を想定し，システムの基本概念について考え，理解を深めることを目的としている。文中に出てくる問題は計算練習のためではない。自分で考え，仲間と討議する材料として利用してほしい。巻末に多少の「ヒント」が用意してある。決意をして鉢巻きで机に向かうような姿勢でなく，暇をみて軽い気持ちで勉強してほしい。

今回の出版でもコロナ社の方々に大変お世話になった。御好意と御努力に感謝する。そしてこの本が，若者たちに新鮮な刺激を与えることを期待する。

2011年2月

斎藤　正男

目　　次

1. 基 本 的 事 項

1.1 洞察力が必要 …………………………………………………… 1
1.2 システムとは …………………………………………………… 3
1.3 電気回路は共通言語 …………………………………………… 3
1.4 理想化とモデル ………………………………………………… 5
1.5 素 子 の 定 義 …………………………………………………… 7
1.6 素子・システムの分類 ………………………………………… 10

2. 大局的性質と分類

2.1 線　形　性 ……………………………………………………… 12
2.2 時変と時不変 …………………………………………………… 14
2.3 集中定数と分布定数 …………………………………………… 15
2.4 受動性と能動性 ………………………………………………… 16
2.5 無　損　失　性 ………………………………………………… 17
2.6 相　反　性 ……………………………………………………… 18
2.7 閉 じ た 性 質 …………………………………………………… 19

3. システムのモデリング

3.1 アナロジー ……………………………………………………… 21
3.2 物理的法則の対応 ……………………………………………… 22

- 3.3 空間構造の保存 ………………………………………… 23
- 3.4 さまざまな制約 ………………………………………… 25
- 3.5 システム方程式 ………………………………………… 26
- 3.6 解の存在と一意性 ……………………………………… 27
- 3.7 状態方程式 ……………………………………………… 29

4. 固有振動と安定性

- 4.1 解法と解釈 ……………………………………………… 32
- 4.2 固有振動 ………………………………………………… 33
- 4.3 安定性の基本概念 ……………………………………… 35
- 4.4 フルビッツ多項式 ……………………………………… 37
- 4.5 固有振動の数 …………………………………………… 39
- 4.6 隠された固有振動 ……………………………………… 41

5. システムの複雑さ

- 5.1 空間構造 ………………………………………………… 43
- 5.2 木と補木 ………………………………………………… 44
- 5.3 回路方程式との関係 …………………………………… 46
- 5.4 回路関数の複雑さ ……………………………………… 48
- 5.5 次数の拡張 ……………………………………………… 49

6. 受動システム

- 6.1 受動性と安定性 ………………………………………… 52
- 6.2 実部の正値性 …………………………………………… 54
- 6.3 正実関数 ………………………………………………… 56
- 6.4 虚軸上の極 ……………………………………………… 57

6.5	虚軸に近い極	58
6.6	正実関数の偶関数部	60
6.7	正 実 行 列	62
6.8	正実関数の実現問題	63

7. 2種素子システム

7.1	無損失システム	65
7.2	リアクタンス回路の構成	66
7.3	リアクタンス関数の性質	68
7.4	フルビッツ多項式とリアクタンス関数	69
7.5	抵抗終端リアクタンス回路	71
7.6	リアクタンス回路と伝送零点	72
7.7	RC 回路網と共通帰線	73
7.8	RC 回路網の基本的性質	74
7.9	RC 伝達関数の性質	75
7.10	梯子形回路の拡張	76
7.11	変圧器なし共通帰線の問題	77

8. 波動の概念

8.1	入射波・反射波	79
8.2	定 義 の 変 更	80
8.3	s 関 数	81
8.4	S 行列への拡張	82
8.5	伝達関数の構成	83
8.6	伝達関数の実現可能性	84
8.7	システムの表現可能性	86

9. 能動システム

- 9.1 能動性の概念 …………………………………… 88
- 9.2 エネルギー発生の原理 …………………………… 89
- 9.3 エネルギー変換 …………………………………… 91
- 9.4 能動回路の解析 …………………………………… 92
- 9.5 フィードバック …………………………………… 93
- 9.6 回路関数の修飾 …………………………………… 94
- 9.7 能動性と解の存在 ………………………………… 96
- 9.8 ヌレータとノレータ ……………………………… 97
- 9.9 適度，過大，過小独立 …………………………… 99
- 9.10 方程式との関係 ………………………………… 100

10. 非相反システムと信号線図

- 10.1 相反システム …………………………………… 102
- 10.2 能動非相反システム …………………………… 103
- 10.3 受動非相反システム …………………………… 105
- 10.4 一方向性の表現 ………………………………… 106
- 10.5 信号線図の作成 ………………………………… 107
- 10.6 信号線図の解析 ………………………………… 108
- 10.7 伝達関数の公式 ………………………………… 109
- 10.8 信号線図についての注意 ……………………… 111

11. 安定な関数

- 11.1 安定性の判定 …………………………………… 114
- 11.2 開ループによる判定 …………………………… 115

11.3	還送差による判定	116
11.4	ナイキストの判定法	118
11.5	1次関数の軌跡	119
11.6	実部と虚部	120
11.7	振幅特性と位相特性	122

12. 時変システム

12.1	多周波数成分	124
12.2	正弦波の複素数表示	125
12.3	時変システムの計算	126
12.4	周波数変換と能動性	128
12.5	不連続な変化	129

13. 非線形システムの動作

13.1	状態方程式による解析	132
13.2	整流素子	133
13.3	位相面	134
13.4	位相面解析の例	136
13.5	過度の簡単化	137
13.6	定常波形の近似計算	139
13.7	振動の立上り	141

文　　　献		143
問題のヒント		144
索　　　引		146

基本的事項

1.1 洞察力が必要

　いまたいていの問題は，コンピュータを使って解決するのが普通になった。大学ではそれぞれの専門分野について勉強をする。実は専門家と言ってもたいしたことはないのだが，「勉強の成果を見せよう」と張りきって社会に出る。しかしたいていの問題には解析・設計ソフトが用意されており，データを入れると答が出てくる。設計パラメータを変えてキーを叩き，結果を眺めて最適値を決めるだけでは，「だれでもできる，理論など要らない」と思う。

　「いま何をしているのか」を意識して仕事をしている人にとっては，コンピュータは便利な道具だ。上手に使えばよい。しかし道具があまり強力になると，有能な部下がいるのと同じで仕事を全部任せてしまう。そして自分は頭を使わないどころか，いま何をしているのかもわからなくなる。

コンピュータ任せ　　最近はコンピュータにすべてを任せ，頭を使わなくなった人によく出会う。首をかしげる場面が多い。いくつか実例を挙げよう。

（a）　学生があるシステムを設計するために，パラメータを打ちこみながら解析をしていたが，「この場合の最大値は，10.12です」と報告した（図1.1）。実はこの問題については，

図1.1　読み間違いに気がつかない

近似計算や級数展開によって概算ができる。それを知っている人は，「この問題の答は1とたいして違わないはずだ」と思っている。しかし学生は，小数点を読み間違えたことに気がつかない。このまま設計に進むと，とんでもないことになるだろう。

（b）あるシステムの応答を計算することになった。理論的に解析をすると，条件しだいでこのシステムが安定になり，あるいは不安定になることがわかる。しかし研究者は，はじめからコンピュータに頼り，逐次近似法によってシステムの応答波形を計算した。ある場合にはシステムは安定であり，応答が計算できる。しかし条件が変わるとシステムは不安定になり，逐次近似法が発散する。しかし彼は不安定だとは思わずに，「計算の収束が遅いこともあったが，適当に計算を打ちきった」と報告した。

（c）学位論文の審査会で，そこで使われているフーリエ変換の精度が問題になった。フーリエ変換のパラメータが現象の細かさや統計的性質に充分対応できなければ，正確な解析はできない。ところが議論の中である審査委員が，「私のソフトでは誤差など出ない」と言いだした。わけがわからないのでなぜかと質問すると，「私のフーリエ変換ソフトは，同じデータを入れると必ず同じ答を出してくれる。誤差などない」のだそうだ。ソフトが何をしているのかがわかっていない人の見本である。

私は教師をしている間に，いやというほどこのような場面に出会った。コンピュータに全面的に頼り，現実のシステムで何が起きているのか，ソフトがそれにマッチした解析をしているのかなどについて，少しも疑問を持たない人達がいる。

基本概念の理解を　現在のように日常的にコンピュータが使われる時代では，たとえシステムの専門家であっても，システム解析の理論を究め，ソフトの中身まで詳しく知る必要はないのかもしれない。しかしシステムの中で起きる現象の本質を多少は理解し，「いま何をしているのか」を意識した上で，解析を進めてほしい。

この本は，私が多くの理工系大学で学部高学年あるいは大学院低学年向きの

講義を続けてきた経験に基づいて，現在の学生諸君が無理なくシステム論の入口に立てるように工夫してある。専門家向きに厳密・詳細な知識を提供するつもりはない。工学すべての領域にたずさわる人たちに，システムについての基本概念を理解してもらうためのものである。

1.2 システムとは

システムの定義　最近は，「システム」という言葉がよく使われる。何でもシステムと言うようだ。しかし古典では，システムには次の条件が必要であるとされている（図1.2）。

a．全体は部分からなる。
b．部分同士に連絡がある。
c．全体として一つの目的に向かう。

社長と社員が力を合わせ目的に向かって進む会社は，まさに一つのシステムである。しかし

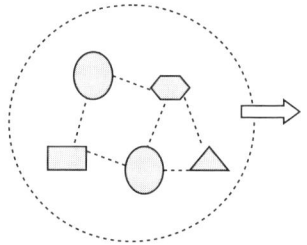

図1.2　システムとは

「ばらばらの人たちが集まったシステムでは，…」と言うと，記述自体が条件bに反するから，「システム」と言うのは間違いである。

適当な定義　本当は上の条件を守ってシステムという言葉を使いたい。しかしいまでは，専門家でさえあまり注意せずにシステムと言うようになった。「まとめて考えることができ，そのほうが便利なときに，システムと言う」という程度に定義するのがよさそうである。

1.3　電気回路は共通言語

類似性（アナロジー）　世の中のさまざまなシステムの間には，共通の性質がある。例えばバネに力を加えたとき，力 f と伸び d の間には次の関係がある（フック則，図1.3(a)）。

4   1. 基本的事項

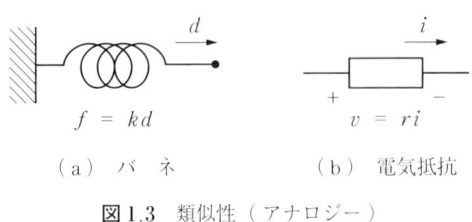

(a) バネ   (b) 電気抵抗

図1.3 類似性(アナロジー)

$$f = kd \tag{1.1}$$

ここで k はバネの堅さを表わす定数(バネ定数)である。いっぽう電気抵抗素子の電圧 v と電流 i の間には,次の関係が成りたつ(オーム則,図1.3(b))。

$$v = ri \tag{1.2}$$

ここで r は電気抵抗(定数)である。

　式(1.1),式(1.2)を比べるとわかるように,バネと電気抵抗に対して数学的に同じ表現が適用できる。したがってバネシステムと電気回路の一方について解析法や基本的性質を知っていれば,それを他方のシステムに当てはめることができる。数学的,物理的な類似性に基づいて,あるシステムの解析・設計法を他のシステムに適用する手法を,類似性(アナロジー)と言う。

　類似性が成立するときには,一つのシステムについて学んでおけば他のシステムが容易に理解,表現できる。たとえて言えば,一つの出来事を英語で,フランス語で,…,とさまざまな言語で記述する必要はない。日本語で書いておき,必要なときに翻訳すればよい。

　共通言語　　システム表現の共通言語として,電気回路が広く用いられる(**図1.4**)。これには特別な理由はない。バネシステムや,ゴム管の中を流れ

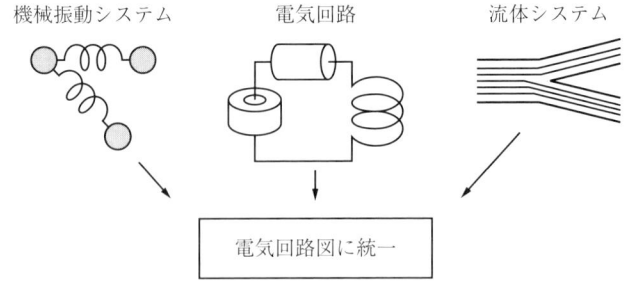

図1.4 電気回路は共通の言語

る液体のシステムを共通言語として採用してもよい。しかし共通言語となるシステムは，わかりやすいイメージを伴い，単純明快な解析法が広く知られているものであってほしい。電気回路はそれらの条件を満たしているために，広く用いられている。システムを表現する電気回路を，等価回路あるいは単に回路と言う。

1.4　理想化とモデル

アナロジーに基づいて，電気回路をはじめ多くのシステムが等価回路によって表現される。しかし現実のシステムを等価回路で表現したとき，両者はまったく同じではない（図1.5）。等価回路では，基本式に従う電気素子が抵抗のない電線で接続され，回路の動作はオーム則とキルヒホッフ則によって完全に記述される。しかし，それが実際のシステムに生じるすべての現象を正確に表現しているとはかぎらない。

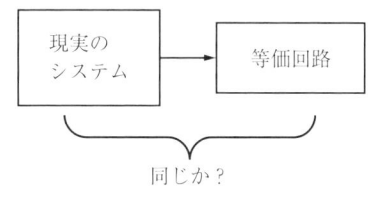

図 1.5　等価回路

同じではない　例えば実際の抵抗素子を考えてみる。初等的回路理論では，電圧 v と電流 i のすべての範囲に対して，オーム則

$$v = ri \quad (r = 正の定数) \tag{1.3}$$

が成立すると理解する。しかし実際の抵抗素子では，厳密にそのとおりにはならない。

実際の抵抗に電流を流すと，発熱して温度が上がり，抵抗値が変化する。したがって式 (1.3) の r は一定値ではない。また抵抗体には必ず熱雑音があり，電流は電子の粒子性による雑音を含む。したがって電圧，電流が非常に小さい領域では，電圧，電流を一義的に決めることができず，式 (1.3) は意味を持たない。

これらの現象のほかにも，実際の電線に電流が流れれば磁力線が発生し，そ

の影響が回路内のほかの場所に及ぶ．交流であれば波動性があり，電線や素子上の電圧・電流は波状に変化して場所によって違う値をとる．電気以外のシステムにもさまざまな問題がある．例えばバネと質点のシステムでは，実際の物体には大きさがあり，運動をすると空気抵抗による損失が生じるし，バネの伸び縮みには変形の範囲に限界がある．現実の管を流体が流れるシステムでは，管の中央と周辺で流体速度が違うし，流速が時間的に変化するときには，流体の摩擦と慣性のために管の断面に複雑な速度分布が生じる．

理想化（モデル）　どのような現象についても，状況を式 (1.3) のように簡単化すると実際の現象と食いちがう．しかし細かなことを気にすると議論が進まない．見通しのよいことが重要な場合もある．ある程度で妥協し，表現を簡単化して理論を構築すべきである．このように割りきって表現することを，理想化と言う．理想化された素子やシステムを，現実の素子やシステムに対するモデルと言う．

実際のシステムに対して，われわれは理想化された素子，接続，法則によって構成される仮想システム（つまりモデル）を設定し，それについて解析を進める．しかしモデルは実際のシステムとまったく同じではないから，モデルについて解析・設計した結果が，実際の現象に一致するとはかぎらない（図 1.6）．モデルについての解析結果がどの程度実際のシステムの現象に合うのかを見れば，そのモデルの妥当性が検証される．

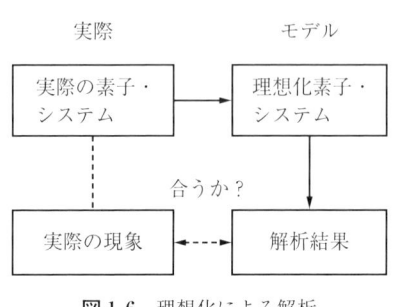

図 1.6　理想化による解析

問題 1.1　モデルの振舞いに現実と合わない部分があるとき，どのように考えればよいか．そのモデルは価値がないとして捨てるべきなのか．

1.5 素子の定義

システムの等価回路を表現するために，おもに次の素子が用いられる。素子に対する記号も併せて示す。これらの記号の多くは最近改定され，国内（JIS）および国際基準（ISO）になっている。またさらに勉強したい人は，古い書物や論文を読む必要がある。その場合には現在の記号だけでなく，改定以前の古い記号†も知らなければならない。特に電源，抵抗などの記号が違うから注意してほしい。

（**a**）　電源（図1.8）

a-1　電圧源

$$v = 指定された値 \qquad (1.4)$$

a-2　電流源

$$i = 指定された値 \qquad (1.5)$$

ここで「指定された値」とは，回路の状態とは無関係に指定される値で，定数または時間関数である。

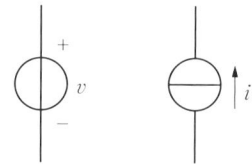

（a）電圧源　　（b）電流源

図1.8　電　源

（**b**）　受動2端子素子（図1.9）

b-1　抵　抗

$$v = Ri \quad (R = 非負値定数) \qquad (1.6)$$

---

† （**古い記号**）　改定前に使われていた電源と抵抗の記号は，図1.7のとおりである。いまでも古い記号を使う人がいる。

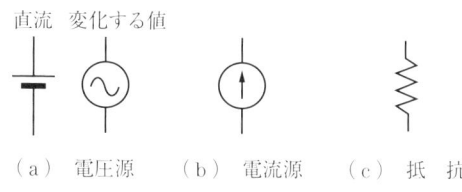

図1.7　古　い　記　号

8   1. 基本的事項

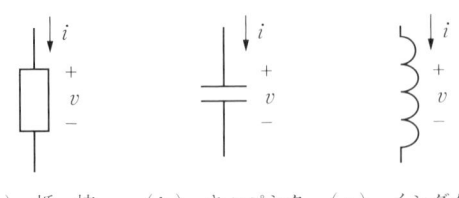

図1.9 受動2端子素子

b-2 キャパシタ

$$i = C \frac{dv}{dt} \quad (\ C \ = \ 非負値定数\ ) \tag{1.7}$$

b-3 インダクタ

$$v = L \frac{di}{dt} \quad (\ L \ = \ 非負値定数\ ) \tag{1.8}$$

（c）**受動4端子素子**（図1.10）

c-1 相互インダクタ

$$v_1 = L_1 \frac{di_1}{dt} + M \frac{di_2}{dt}, \quad v_2 = M \frac{di_1}{dt} + L_2 \frac{di_2}{dt}$$
$$(\ L_1,\ L_2 \ = \ 正値定数,\ M \ = \ 実定数,\ L_1 L_2 - M^2 \geqq 0\ ) \tag{1.9}$$

c-2 理想変圧器

$$v_1 = \frac{v_2}{n}, \quad i_1 + n i_2 = 0 \quad (\ n \ = \ 実定数\ ) \tag{1.10}$$

c-3 理想ジャイレータ

$$v_1 = \alpha i_2, \quad i_1 = -\frac{v_2}{\alpha} \quad (\ \alpha \ = \ 実定数\ ) \tag{1.11}$$

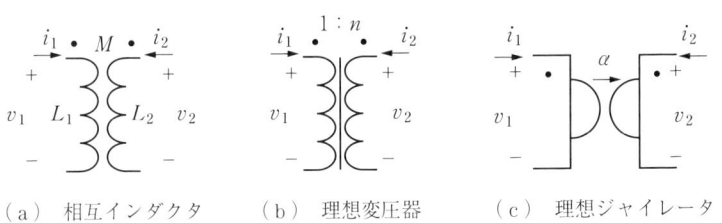

図1.10 受動4端子素子

1.5 素子の定義

簡単のために以下ではc-2, c-3の「理想」を省略する。ここでジャイレータは，純粋に非相反性を表現するための素子である。実際にこれに近い素子が存在する。記号中の黒点や，端子対にまたがる矢印は，電圧の＋側，端子対の1側，2側を区別する必要があるときに用いる。ここまでの式は，電流を電圧の＋端子に流れこむ向きに定義している。これを守らないと間違いの元になるから，必要があれば負号を付けるなどして必ずそのようにしてほしい。

(d) 能動素子

d-1 負抵抗

$$v = Ri \quad (R = 負値定数) \tag{1.12}$$

d-2 制御電源（**図1.11**）

d-2a V-V型

$$i_1 = 0, \quad v_2 = av_1 \quad (a = 定数) \tag{1.13}$$

d-2b V-I型

$$i_1 = 0, \quad i_2 = av_1 \quad (a = 定数) \tag{1.14}$$

d-2c I-V型

$$v_1 = 0, \quad v_2 = ai_1 \quad (a = 定数) \tag{1.15}$$

d-2d I-I型

$$v_1 = 0, \quad i_2 = ai_1 \quad (a = 定数) \tag{1.16}$$

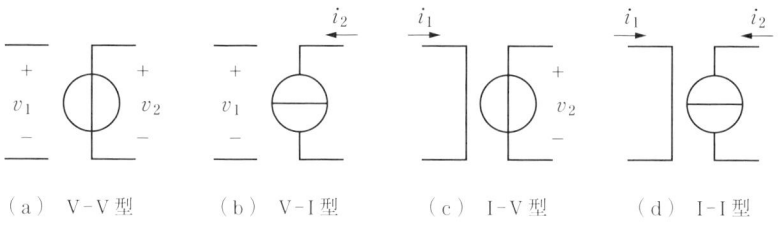

(a) V-V型　　(b) V-I型　　(c) I-V型　　(d) I-I型

図1.11 制 御 電 源

負抵抗の記号はb-1と同じである。これら以外の能動素子を用いることもある。またd-2としては一つの種類だけで充分であり，以下ではおもにV-I型を用いる。

1.6 素子・システムの分類

　素子・回路は，その性質に従って分類される。ここではごくだいたいの説明をする。ただし電源は，以下の分類とは関係がない別格の素子とする。素子・回路・システムは，同じ考え方によって分類される。またこれらの分類は，一見明快であっても実は細かな注意が必要である。それについては後の章でそれぞれ論じる。

　（ⅰ）**線形・非線形**　重ねあわせの原理が成立する素子・回路・システムを線形，成立しない素子・回路・システムを非線形と言う。

　（ⅱ）**時変・時不変**　抵抗，インダクタ，キャパシタなど，あるいは変圧器，ジャイレータ，制御電源などの素子値は，普通は時間がたっても変化しない定数であるとしている。そのような素子を時不変と言う。素子値が（回路状態とは独立に）時間とともに変化するとき，時変と言う。時変素子は，回路の状態に関係なく素子値が変化するという点で非線形素子とは違う。回路・システムについても，同様に時変・時不変を定義する。

　（ⅲ）**集中定数・分布定数**　素子の寸法が充分小さく，素子の状態が1組の電圧・電流で表わされるとするとき，素子を集中定数と言う。素子が充分には小さくなく，素子内部で電圧・電流の分布を考えなければならないとき，素子を分布定数と言う。回路・システムについても同様である。

　（ⅳ）**受動・能動**　素子・回路・システムが内部からエネルギーを発生しないときに受動と言い，エネルギーを発生しうるときに能動と言う。

　（ⅴ）**損失・無損失**　受動素子・回路・システムで，正弦波の電圧・電流に対して定常的なエネルギーの出入りがないとき，無損失素子・システムと言う。正弦波に対して定常的にエネルギーを受けとるとき，損失素子・システムと言う。

　（ⅵ）**相反・非相反**　素子・回路・システムにおいて相反性が成立するときに相反と言い，相反性が成立しないときに非相反と言う。

以下では原則として，線形，時不変，集中定数の素子・回路・システムに議論を限定する。1.5節の素子の定義では，(b), (c) が受動素子であり，そのうち b-2, b-3 および (c) が無損失素子である。受動素子の中で b-1 だけが損失素子である。(b), c-1, c-2 が受動相反素子，c-3 が受動非相反素子である。能動素子では d-1 が相反だが，d-2 はすべて非相反である。

問題 1.2 変圧器，ジャイレータは，任意の瞬間においてエネルギーの出入りがないことを示せ。正弦波交流の計算法を適用すると，素子の受けとる有効電力は当然0になるが，無効電力は0になるか。その意味を考えよ。

2 大局的性質と分類

2.1 線 形 性

大局的(ブラックボックス) ここで「大局的」とは,「システムの内部に立ちいらずに,入力と出力の関係に基づいてシステムの振舞いを論じる」という意味である。「システムを箱の中に閉じこめて外側から観察する」という意味で,「ブラックボックス」という言葉を使うこともある。本章では大局的ないしブラックボックスの立場から,1章で説明した素子・回路・システムの分類を少し掘りさげる。

線 形 性 線形性は最も基本的な大局的性質である。普通はあまり細かい議論をせずに線形性を仮定するが,線形性の定義には曖昧さがある。

定義 2.1 線形性 システムの入力を $x(t)$,出力を $y(t)$ とする。

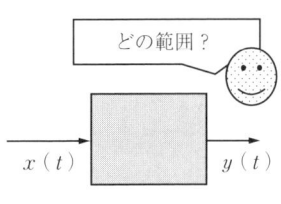

図 2.1 線形性

「任意の二つの入力 $x_1(t)$, $x_2(t)$ に対する出力がそれぞれ $y_1(t)$, $y_2(t)$ であるとき,入力 $c_1 x_1(t) + c_2 x_2(t)$ に対する出力が $c_1 y_1(t) + c_2 y_2(t)$ (c_1, c_2 は任意の定数)である」 (2.1)

ならば,そのシステムを線形であると言う(図2.1)。

疑 問 この定義について次の疑問が生じる。

「'任意の' と言うとき，どの範囲の関数，定数を指すのか。また出力が定義できないときにはどうするのか」

有限項数の場合には，式 (2.1) は容易に拡張される。しかし入力が無限級数で表わされているとどうなるのか。入力時間波形に線形な処理をして出力を生じるシステム（例えば微分特性）を考える。有限個の入力に対してはシステムは確かに線形である。しかし入力がフーリエ級数のように無限項で表わされていると，級数の各項に対してそれぞれの出力が求められるが，無限級数のままだと（システムが高周波強調特性を持っている場合には特に）出力が発散して計算できないことがある。

つまり無限級数で表わされている入力を有限項で打ちきればシステムは線形だが，項数を増した極限として無限級数を考えると出力が発散して判定ができない。極限をとるとそれまでの性質が失われるのでは，数学的に不自然である。多くの理論では関数の範囲を限定してこの種の問題を回避するが，それはすっきりした解釈と言えない。

別の問題として，線形時不変な回路に正弦波交流の計算法を適用し，入力 $X(j\omega)$ に対して出力 $Y(j\omega)$ を考えるときには，c_1, c_2 が複素数であっても線形性が成立する。また線形回路が時不変でなく，オン・オフ動作をするスイッチを含んでいるとき，時間関数 $x(t)$, $y(t)$ と実定数の c_1, c_2 に対して線形性が成立する。

問題 2.1 ある人がこの二つの性質を混同し，スイッチを含む回路をフーリエ積分によって解析した。これは正しいか。

線形でないシステムを非線形であると定義する。しかし上の無限級数の場合のように，判定ができない場合がある。考察する関数の範囲を勝手に制限して線形性を定義し，その範囲外はすべて非線形だとしてよいのだろうか。実際家から見れば，このような問題は考える価値がないことかもしれない。しかし不注意に物事を定義し解析すると，誤った結論に到達する恐れがある。

2.2 時変と時不変

この分類は概念的に明らかだろう。時変素子とは，図 2.2 のように回路の状態に関係なく素子値を変えるということである。しかし実際の応用では，非線形素子を用いて時変素子を実現することがある。

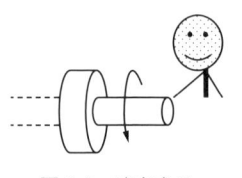
図 2.2 時変素子

非線形素子 図 2.3 のような非線形の電圧・電流特性

$$i = f(v) \tag{2.2}$$

を持つ素子を想定する。

動作バイアス点を (v_0, i_0) に設定し，その近くの微小変化として動作をさせる。バイアス点からの変化分 $(\delta v, \delta i)$ に対して

$$i_0 = f(v_0) \tag{2.3}$$
$$i_0 + \delta i = f(v_0 + \delta v) \tag{2.4}$$

である。

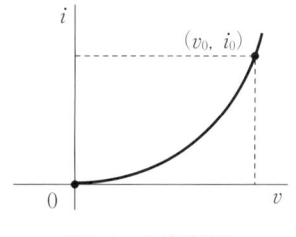
図 2.3 非線形特性

式 (2.4) の右辺を展開して δv の 1 次項のみを残すと，次式を得る。

$$\delta i = f'(v_0) \delta v \tag{2.5}$$

ここで「′」は微分を意味する。v_0 を一定に保ち，δv, δi が信号として変化するとき，式 (2.5) によって，素子は抵抗値 $1/f'(v_0)$ の線形抵抗として動作する。

ここでバイアス点 v_0 を一定とせずに，信号成分とは独立に時間とともに変化させると，見かけ上の時変素子が得られる。実は非線形素子なのだが，近似的に時変素子とみなすことによって計算が容易になることが多い。

2.3 集中定数と分布定数

実際の素子・回路・システムには大きさがあり、電気的現象でも機械的現象でも、ある距離離れたところに信号を伝えようとすると、現象が波動方程式によって支配される。

集中定数 正弦波の波動は周波数と波長によって表わされる。素子・回路・システムの寸法が波長に比べて充分小さく、1点とみなせる場合には、集中定数と言う（図2.4）。集中定数素子の状態は一組の電圧・電流で表わすことができる。集中定数素子を接続する電線は充分短く、長さを無視できるとする。

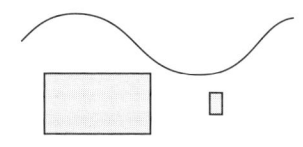

図2.4 波長に比べて大きいか小さいか

分布定数 これに対して素子・回路・システムの寸法が波長に比べて充分に小さくないときには、分布定数と言う。この場合には素子内部の電圧・電流は、時間だけでなく素子内での位置の関数になる。素子を接続する電線も長さを無視できないかもしれない。分布定数の代表的な例は電気ケーブル、IC基盤上の導体、板を伝わる波動などである。バイオリンの弦の振動や太鼓の膜の振動なども分布定数現象として扱われる。さらに周波数が高くなると、素子の中にも複雑な場（電磁界や波動）が生じ、電圧・電流などの状態を各点ごとに一義的に定義することが難しくなる。

やや複雑な例として、図2.5（a）のように2本の導体からなる分布定数線路を考える。多くの研究では、TEMモードの電磁界分布を仮定し、線路上の各点において電圧・電流を規定して解析する。そして図（b）のように元の線路を断面一定の一定長小区間に分割し、それらの縦続接続として元

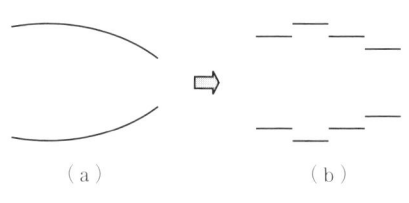

図2.5 2導体分布定数線路

の線路を近似する。しかしこの近似では不連続部分で電磁界分布が乱れ，TEMモードではなくなる。分割を細かくすればどこまでもよい近似ができるのかという問題が残される。

2.4 受動性と能動性

受動性・能動性は，エネルギー発生能力があるかどうかの区別である。

定義 2.2 受動性1 素子・回路・システムは，いかにしてもエネルギーを発生しないとき受動と言い，条件しだいでエネルギーを発生するとき能動と言う。

考察の範囲 図2.6の抵抗に電流を流すと，消費電力は

$$P = ri^2 \tag{2.6}$$

である。したがってこの素子は $r \geqq 0$ ならば受動，$r < 0$ ならば能動である。

受動・能動の判定は，いつもこのように簡単明瞭とはかぎらない。例えば負の値を持つキャパシタ「$-c$」を想定する。これに正弦波の電圧・電流を印加すると，消費電力が0だから受動素子だと判定される。

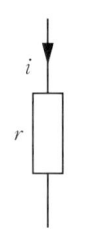

図2.6 消費電力

しかし図2.7のように，このキャパシタに正抵抗 r を接続して過渡電流を求めると

$$i = ae^{\alpha t}, \quad \alpha = \frac{1}{cr} \tag{2.7}$$

となる。時間とともに電流が増大し，抵抗の消費電力も限りなく増大する。計算をすると負キャパシタがそのエネルギーを供給しており，キャパシタが能動素子になっている。

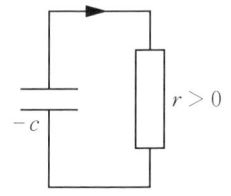

図2.7 過渡電流

なぜこのような違いが生じるのか。前者では正弦波の電流を考えたが，後者ではさらに広く指数関数の電流を考えている。つまりエネルギーを発生するか

しないかは，条件しだいである。「いかにしても」でなく，「正弦波の範囲では」というように条件の範囲を規定しなければ，正しい記述にならない。

厳密な定義　もう少し厳密な議論をするために次の定義を用いる。簡単のために2端子素子を考え，電流源 $i(t)$ を接続する（**図2.8**）。

現象が $t = +0$（0より僅かに大きいという意味）から始まるとし

$$i(t) = 0 \quad (t \leq 0) \tag{2.8}$$

としてこの電流に対する電圧 $v(t)$ を求め，次のように受動性を定義する。

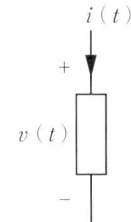

図 2.8　受動性

定義 2.3 受動性2　任意の $i(t)$ および任意の t に対して

$$\int_0^t v(\tau)i(\tau)d\tau \geq 0 \tag{2.9}$$

であるとき，この2端子素子を受動と言う。

この表現でも，'任意の' の意味が曖昧である。少なくとも左辺の積分が計算できることが必要である。またこの定義では端子におけるエネルギーの出入りを観測するだけだから，素子が借金すること，つまり貯蔵エネルギーが負になることを許すと，本当にエネルギーを発生したかどうかはわからない。しかし面倒なことを言うときりがないから，普通はこの程度の厳密さで我慢して議論を始める。

2.5　無　損　失　性

正弦波の電圧・電流に対して，定常的（平均的）なエネルギーの出入りがない受動素子・回路・システムを，無損失と言う。正弦波に対するインピーダンスあるいはアドミタンスが求められる場合には，無損失性はその実部が0であることと表現される。

前提条件　しかし，式 (2.9) の意味での受動性を調べるために $t = 0$ から正弦波の電圧あるいは電流を印加したとき，素子の応答が正弦波に落ちつかなければこの定義は前提を失い，意味がなくなる。つまり後で論じる狭義の安定性（応答が定常状態に落ちつく）が保証されないと，この定義は意味を持たない。当然のことだが，正弦波でない電圧・電流に対して無損失性を定義することはできない。

2.6　相 反 性

初等的定義　相反性（そうはんせい）とは，「お互いに対等」という概念である。二人が口論しているとき，同じ発言に対する影響が同じなら，二人の関係は相反だと言える（図 2.9）。普通は線形性を仮定して，相反性を次のように定義する。

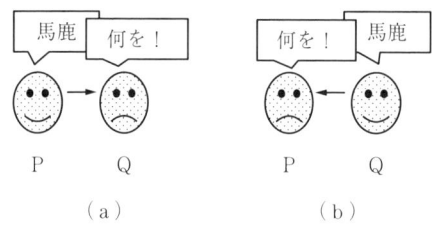

図 2.9　二人は対等…相反性

定義 2.4　相反性 1　等価回路で二つの側に端子対 (1), (2) を考え，二つの状態 A, B を想定する（図 2.10）。状態 A として，(1) 側に値 1 の電圧源を接続し，(2) 側を短絡して電流 i_{2A} を求める。次に状態 B として，(2) 側に値 1 の電圧源を接続し，(1) 側を短絡して電流 i_{1B} を求める（電圧源の符号，電流の向きは，状態 A, B について完全に同等になるように注意する）。このとき

$$i_{2A} = i_{1B} \tag{2.10}$$

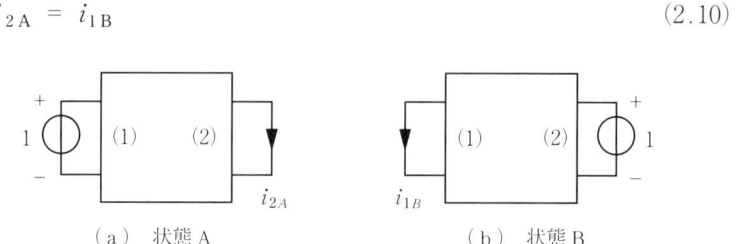

図 2.10　相反性の初等的定義

が成立するならば，回路はこの端子対に関して相反であると言う．

式 (2.10) が成立すれば，(1) 側と (2) 側はどのような接続に対しても対等である．上の条件を 4 端子網に当てはめれば，よく知られた $y_{12} = y_{21}$ などの条件が導かれる．

問題 2.2 4 端子網が H 行列あるいは F 行列で表わされているとき，相反性はどのような条件で表わされるか．

定義の不備 この定義も一見明瞭であるが問題がある．ここでは電圧源を接続したが，短絡状態があって電圧源が接続できないときはどうするのか．そのときは電圧源の代わりに電流源を使うと言う人もいるだろうが，(1) 側には電圧源，(2) 側には電流源しか接続できないかもしれない．また後で論じる例外的な回路では，電圧源も電流源も接続できない．つまりこの定義では一般性が足りない．

さらに上の定義では「2 端子素子は相反か」という疑問に答えられないし，6 端子網，8 端子網，… の場合にどのように端子対を組みあわせて調べればよいのかもわからない．これらの問題に対しては，もっと普遍性のある相反性の定義を用意すべきである．それについては後の章で論じる．

2.7 閉じた性質

「人間がいくら子孫を作っても人間である」というように，ある性質に関して「閉じた世界」を作る性質は，システム論において重要である．システムがある閉じた性質を持つときには，その性質を持つ素子を選んでモデルを構築すべきである．それは重要なことである．

定義 2.5 閉じた性質 素子・回路・システムが性質 A を持つとき，それらの有限個をどのように接続しても構成されたシステムが性質 A を持つならば，性質 A は閉じていると言う．

上の定義の価値は，接続形式を限定しないところにある。例えば「インピーダンスを持つ」という性質を考える。この性質を持つ素子を接続して回路を作るとき，端子から出発した線がどこかで切れていると，端子から見たインピーダンスは存在しない（**図 2.11**）。このように簡単な場合は明らかだが，変圧器が介在したために変数の独立性が失われる場合など，簡単にはわからないこともある。

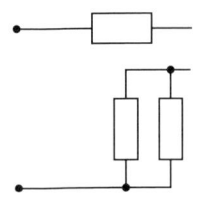

図 2.11 実は切れている

　　線形性，時不変，集中定数，受動，無損失などの性質は（先に注意した曖昧さを問題にしなければ），あきらかに閉じた性質である。閉じた性質は自分の領域を堅く守るという意味で重要である。例えば受動システムの等価回路を描くときに，わかりやすくなるからといって能動素子を混在させると，状況が複雑になる。システムを外部から観察するかぎりでは受動であっても，内部には能動性が潜んでいて受動システムにない現象が起きているかもしれない。閉じた範囲からはみだす表現は避けたい。

　相反性についてもある範囲で閉じた性質であることが示される。これについては後の章で論じる。

3 システムのモデリング

3.1 アナロジー

 図3.1(a)のバネ-質点システムについて、次の運動方程式が得られる。

$$m\frac{dv}{dt} = -kx, \qquad v = \frac{dx}{dt} \tag{3.1}$$

ここで m は質量、v は速度、k はバネ定数、x はバネ端点の静止位置からの収縮方向へのずれである。

 いっぽう図(b)の電気回路については、次のようになる。

$$L\frac{di}{dt} = -u, \qquad i = C\frac{du}{dt} \tag{3.2}$$

ここで L はインダクタンス、i は電流、u は電圧、C はキャパシタンスである。

 式(3.1)、(3.2)は、変数と定数を適当に置きかえれば同じ表現に

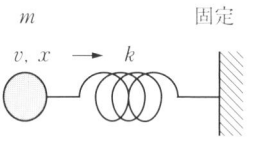

(a) バネ-質点システム

(b) 電気回路

図3.1 アナロジー

なる。つまり図(a)のバネ-質点システムが図(b)の等価回路で表現される。この類似性がアナロジーである。

3.2 物理的法則の対応

図 3.2（a）のようにパイプに水を流すとき，流量と圧力差が比例関係にある。図（b）の電気抵抗の電圧と電流の関係も同様だから，パイプの水流は電気抵抗で表現できる。比例関係だから流量と圧力差のどちらを電圧・電流に対応させてもよいはずだが，それぞれの現象を支配する法則の物理的意味に注意することによって，自然な対応関係が得られる。

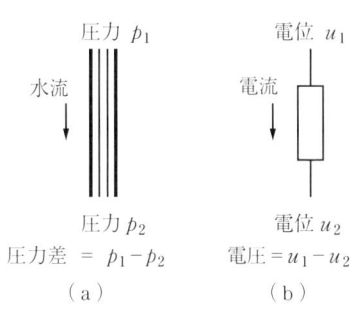

図 3.2　物理的法則の対応

電気回路の性質はオーム則とキルヒホッフの電流則・電圧則で表わされる。オーム則は比例関係だから，どちらがどちらに比例するとしてもよい。

保存される量　キルヒホッフ電流則は，「電流は電荷の流れであり，流れる途中で発生・消滅することはない」とする。つまり連続する（保存される）量が電荷に対応し，その流れが電流に対応すべきである。この場合に電流に相当するのは，水の流れである（図 3.3）。

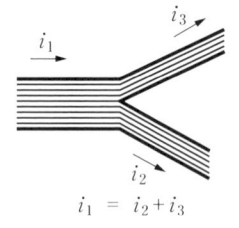

図 3.3　電流は連続量

ポテンシャルの存在　キルヒホッフ電圧則は，しばしば「1 周すると電圧の和が 0 になる」と理解されるが，それは「電位（ポテンシャル）が存在する」ことと同じである。ポテンシャルとは，空間の各点が持つ値である。例えば地図上の各地点に付随する高さは，ポテンシャルだと言える。ポテンシャルが存在すれば，1 周しつつ符合つき高低差を合計すると自動的に 0 になる（図 3.4）。これが

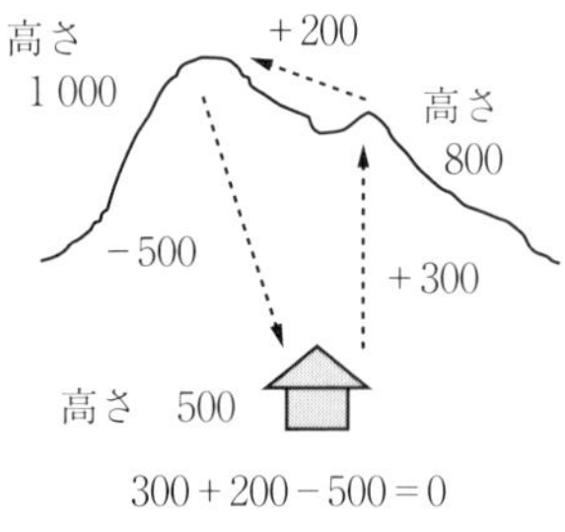

図 3.4　高低差の和は 0

キルヒホッフ電圧則である。このように考えると，圧力が電位に対応し，圧力差が電圧に対応すべきである。

力の釣合い　水流の場合には等価回路との対応が明瞭だが，間違いやすい例もある。図3.5(a)のように棒が連結されており，右端を押したとする。棒にかかる力と伸縮は比例関係にあり，電気抵抗の電圧・電流で表わされる。電圧・電流のどちらが力に対応すべきかについては，力が伸縮の原因だから電圧に対応すべきだと考える人がいるが，それは正しくない。

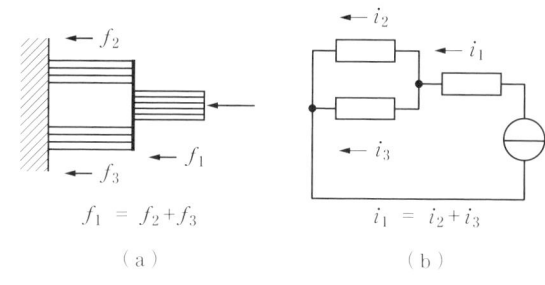

$f_1 = f_2 + f_3$　　　　$i_1 = i_2 + i_3$
　　(a)　　　　　　　　　(b)

図3.5　力　は　電　流

ここで連続量は何かを考えてほしい。図(a)からわかるように，棒の接続点では力が連続して受け渡される。つまり力を電流に対応させるべきであり，右端を押す力は電流源になる。等価回路は図(b)のようになる。等価回路と棒システムの空間構造が正確に対応していることに注意してほしい。

3.3　空間構造の保存

熱伝達システム　図3.6(a)のアパートでの熱の流れを考える。壁には温度差に比例した熱の流れが生じ，抵抗で表わされる。流れる熱量が保存されるから熱流が電流に対応し，温度が電位に対応する。

熱が流れこむと部屋の温度が上がる。これは電荷を蓄えて電位が上がるキャパシタと同じである。各室には熱容量相当のキャパシタが接続され，キャパシタの他端は基準点（電位0の点，接地点）に接続される。

部屋(2)にはストーブがある。ストーブは種類によって熱の出方が違うが，石油ストーブであれば相手に関係なく決まった熱量を発生するから，電流源に

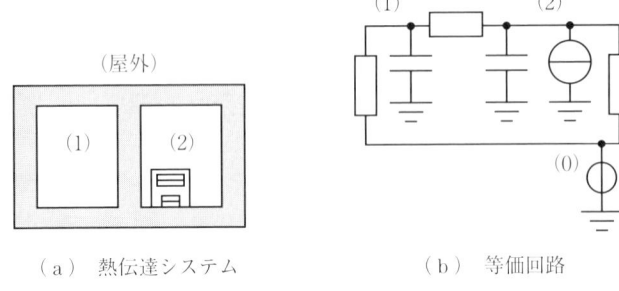

（a） 熱伝達システム　　　　　（b） 等価回路

図 3.6　熱伝達システムと等価回路

相当する。これで図（b）の等価回路が完成したように見えるが，屋外に対応する (0) 点をそのままにしておくのは正しくない。屋外の温度は，アパートの状態とは関係なく一定に保たれるはずだから，ここには電圧源を接続して電位を一定に保つ。以上で等価回路が完成する。システムの空間構造が保存されることを注意してほしい。

機械振動システム　　図 3.7（a）の機械振動システムを考える。バネは収縮量に比例して力を出し，ブレーキは速度差に比例する制動力を発生する。

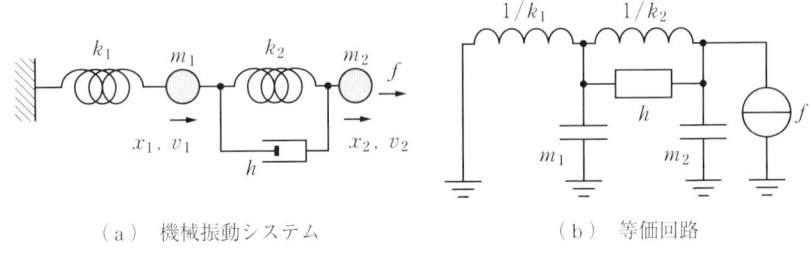

（a） 機械振動システム　　　　　（b） 等価回路

図 3.7　機械振動システムと等価回路

各質点について次の運動方程式が得られる。

$$m_1 \frac{dv_1}{dt} = -k_1 x_1 - k_2(x_1 - x_2) - h(v_1 - v_2) \tag{3.3}$$

$$m_2 \frac{dv_2}{dt} = k_2(x_1 - x_2) + h(v_1 - v_2) + f \tag{3.4}$$

$$v_1 = \frac{dx_1}{dt}, \quad v_2 = \frac{dx_2}{dt} \tag{3.5}$$

ここでラプラス変換形を考える。v_1, v_2 を変数とし，各変数のラプラス変換を大文字で表わす。簡単のために初期値をすべて 0 とすると，形式上は微分をラプラス変換の変数 s で置きかえればよく，次のようになる。

$$\left(sm_1 + \frac{k_1}{s} + \frac{k_2}{s} + h\right)V_1 - \left(\frac{k_2}{s} + h\right)V_2 = 0 \tag{3.6}$$

$$-\left(\frac{k_2}{s} + h\right)V_1 + \left(sm_2 + \frac{k_2}{s} + h\right)V_2 = F \tag{3.7}$$

この 2 式を節点方程式とみなして電気回路を構成すると，図（b）の等価回路が得られる。空間構造が保存されているから，素子の対応関係さえ知っていれば方程式を経由しないで直接に等価回路を描くこともできる。このように空間構造が保存されるのは，連続量を電流に，ポテンシャルを電位に対応させるからである。このルールを守らなくても等価回路が描けるが，空間構造は一般に保存されない。

問題 3.1 上の注意を守らずに，電圧・電流を逆に対応させるとどうなるか。

3.4 さまざまな制約

世の中にはさまざまなシステムが存在し，それぞれの性質が等価回路の制約条件に反映される。制約条件を無視しても解析はできるが，設計の際には等価回路が導かれても目的のシステムに変換できないかもしれない。制約の例を挙げる。

（a） 質量とバネからなる機械振動システムでは，キャパシタの片側は接地しなければならない。

（b） 熱伝達システムや物質輸送システムでは，温度差や濃度差によって熱あるいは物質が移動し，どこかに蓄積されて温度や密度を高める。等価回路ではその現象が抵抗とキャパシタで表わされるが，ここでもキャパシタの片側が接地される（図 3.8）。抵抗はいつも接地から浮いているとはかぎら

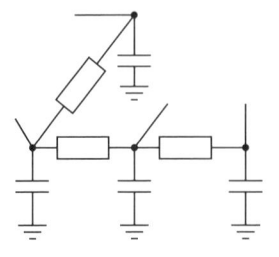

図3.8　キャパシタは片側接地

(c) 熱・物質輸送システムには変圧器が存在しない。もし熱システムに変圧器が存在すれば、ある点の温度を何十倍かして他の点に伝えることができるはずだが、実際にはそのようなことはできない。いっぽう機械システムでは、テコ、歯車、ベルトなどによって力が何倍かに増幅され、移動量が何分の1かに小さくなる。それは変圧器で表わされる（図3.9）。

(d) 異なる種類のシステムを連結するときにも問題が起きる。力学的システムでの連続量は力、流体システムの連続量は流量で、それぞれ電流に対応する。そして速度、圧力差が電圧に対応する。それぞれはよいのだが、この二つのシステムがピストンで連結され、力学システムの力と流体システムの圧力が相互に変換されると、力、圧力が一方では電流、他方では電圧に当てはめられ、システム全体をまとめて等価回路に描くことができない。このような場合にはやむをえずピストンの位置にジャイレータを置いて、電圧・電流を交換しなければならない（図3.10）。

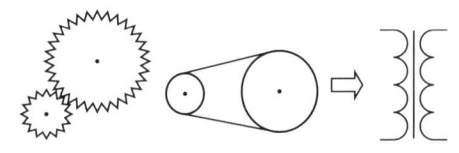

図3.9　歯車、ベルト機構などは変圧器で表わされる

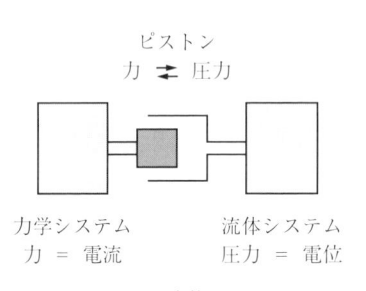

図3.10　変換が必要

3.5　システム方程式

さまざまな方程式　　等価回路を解析するためには、その方程式を作らなければならない。普通は閉路方程式、節点方程式、状態方程式などが用いられ

る．これまでに見たように，システム解析では基本変数として節点電位を用いることが多く，その場合には節点方程式のほうがわかりやすい．

もちろん節点方程式でなくてもシステムの動作が表現する式があれば，それを用いてもよい．例えば増幅器が入力電圧を何倍かして出力側に伝えるのであれば，それを式に表わせばよく，増幅器の内部まで詳しく描く必要はない．

大づかみな表現　図 3.11 の自動制御システムは，制御対象の変数 x を設定値 x_0 に近づけることが目的であり，次のように動作する．システムは x を測定し，それと x_0 の差 y を a 倍に増幅して ay を制御対象に与え

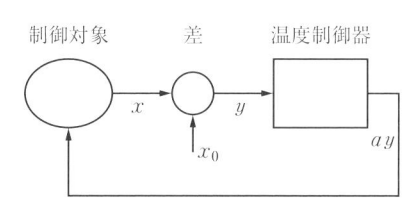

図 3.11　温度の自動制御

る．制御対象は初期値 x_i に与えられた ay を加え，その結果を自分の変数 x とする．以上によって各要素の動作が表現され，システムの動作方程式は次のようになる．

$$y = x_i + ay - x_0 \tag{3.8}$$

これを解けばよい．

上の方法では，電圧・電流など細かな変数にこだわらず，信号，情報の大きな流れに着目してシステムの骨組みを表現する．後の章で説明する信号線図はこの考えに近い．

3.6　解の存在と一意性

モデルを構築しても，方程式の解が存在しないか（不能），あるいは存在しても一通りに決まらない（不定）のでは，解析する意味がない．これは，数学的には方程式の独立性の問題である．しかし等価回路が有限個の電源と正値2端子素子から構成されているときには，答は簡単である．

定理 3.1　解の一意性　有限個の正値2端子素子から構成されている

回路において，電圧源だけの閉路あるいは電流源だけのカットセット[†]が存在しなければ，解が存在し，一意的である。

電圧源だけの閉路，あるいは電流源だけのカットセットが存在する場合には，それらの電源の値がキルヒホッフ電圧則あるいは電流則を満足しなければ，解が存在しない。

満足すれば解が存在するが，電圧源を循環する電流あるいは電流源にかかる電圧は不定になる。満足する場合，閉路を構成する電圧源の一つを開放で，またカットセットを構成する電流源の一つを短絡で置きかえてもよく，そうすれば解が存在し，一意的になる。

閉路の存在　　図 3.12（a）では，電圧源のみによる閉路が存在する。このときには

$$v_1 + v_2 - v_3 = 0 \tag{3.9}$$

が成立しなければ解は存在しない。成立すれば解が存在するが，これらの電圧源を巡回する電流 i_0 は不定になる。また3個の電圧源のうちの一つを取りさって開放にすれば，この問題は消滅し，一意的な解が存在する。

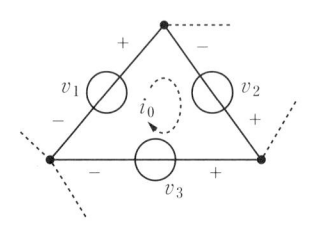

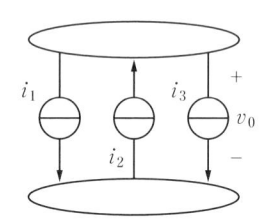

（a）電圧源のみによる閉路　　　（b）電流源のみによるカットセット

図 3.12　不定，不能になる場合

カットセットの存在　　同様に図（b）では，電流源のみによるカットセットが存在する。このときには

$$i_1 - i_2 + i_3 = 0 \tag{3.10}$$

[†] 開放したときに，回路が接続されない二つの部分に分かれる最小の枝の集合。

が成立しなければ解は存在しない．成立すれば解が存在するが，これらの電流源にかかる電圧 v_0 は不定になる．また3個の電流源のうちの一つを短絡に置きかえれば，この問題は消滅し，一意的な解が存在する．

受動2端子素子に変圧器が加わると電源の配置についての議論が少し複雑になるが，その場合に応じた条件が満足されれば一意的な解が保証される．しかし等価回路が能動素子を含むと，状況は非常に複雑になる．

3.7 状態方程式

図 3.11 の温度制御器のように細かな構造を箱の中に閉じこめると，システム全体としての構成や動作はよくわかる．しかし箱の中の状況についての詳しいことはわからない．特に箱が微積分演算を含むときには，箱の外から動的な振舞いを調べることは難しい．

システム内の微積分演算に注目するときには，状態方程式を用いるのがよい．図 3.13（a）の回路を考える．ここで R は抵抗，G はコンダクタンスを表わす．

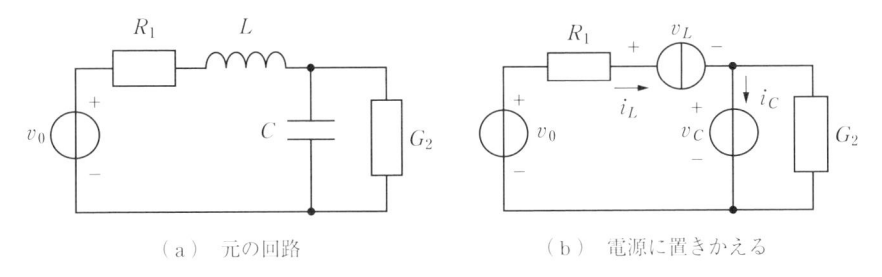

（a）元の回路　　　　　　（b）電源に置きかえる

図 3.13　状 態 方 程 式

電源に置きかえる　　状態方程式では，瞬間には変化しない変数が重要だと考える．キャパシタ，インダクタの基本式（式 (1.7)，(1.8)）を参照すると，キャパシタの電圧，インダクタの電流は，それぞれ無限大の電流あるいは電圧が生じないかぎり瞬間には変化しないことがわかる．もっともスイッチの

オン・オフ動作や物体の衝突のような不連続変化の瞬間には，モデル上でこれらの変数が無限大になることがある．しかしそれは例外的で，普通は起きないと考える．

電圧あるいは電流が瞬間には変化しないのだから，その瞬間に関するかぎりキャパシタは電圧源，インダクタは電流源と考えてもよい（図（b））．この回路は電源と抵抗だけしか含まないから，各瞬間に解くことができる．解析結果としてキャパシタの電流，インダクタの電圧を求める．電流・電圧の向きは，電圧の＋側に電流が流れこむように定める．

状態変数　　図（b）の回路について計算の結果

$$i_C = i_L - G_2 v_C, \qquad v_L = v_0 - R_1 i_L - v_C \tag{3.11}$$

キャパシタ，インダクタの基本式に戻ると，次式が得られる．

$$\frac{dv_C}{dt} = \frac{i_L - G_2 v_C}{C}, \qquad \frac{di_L}{dt} = \frac{v_0 - R_1 i_L - v_C}{L} \tag{3.12}$$

これらの式は次のことを示している．i_L と v_C を指定すると，式 (3.11) によってその瞬間における回路の状態が定まり，式 (3.12) によって次の瞬間に状態がどう変化するかが指定される．その意味で i_L と v_C を状態変数，式 (3.12) を状態方程式と言う．

例外的な場合　　i_L を電流源，v_C を電圧源で置きかえたとき，たいていは上のように回路の状態が求められるが，特殊な場合として 3.6 節で論じたような電圧源による閉路，あるいは電流源によるカットセットが生じることがある．このときにはただちに次の段階に進むことができない．

置きかえる前から本来の電圧源による閉路，あるいは電流源によるカットセットが存在するのであれば，この回路はそもそも不能あるいは不定であると結論される．しかし本来の電源だけではそうなっていないのに，i_L と v_C を電源に置きかえた結果そうなったのであれば，回路が不能あるいは不定なのではなく，i_L や v_C のすべてを独立変数とはみなせないことを意味する．

得られた回路からできるだけ少数のキャパシタ，インダクタを取りのぞいて上の事情を解消できたとする．このとき残りの i_L，v_C を状態変数とし，取り

のぞいたキャパシタ電圧，インダクタ電流をそれらの状態変数で表し，式を整理すると，状態変数 $x_k (k = 1 \sim n)$ についての状態方程式が，ベクトル・行列形で次のように得られる．

$$\frac{d\boldsymbol{x}}{dt} = \boldsymbol{A}\boldsymbol{x} + \boldsymbol{B}\boldsymbol{u} + \boldsymbol{C}\frac{d\boldsymbol{u}}{dt} \tag{3.13}$$

ここで $\boldsymbol{x}$ は状態変数列ベクトル，$\boldsymbol{A}$, $\boldsymbol{B}$, $\boldsymbol{C}$ は定数行列，$\boldsymbol{u}$ は電源を表わす列ベクトルである．

キャパシタ，インダクタを取りのぞく例外的処理を必要としない場合には，左辺は第2項までで終わる．上の例題の式 (3.12) はすでにこの形になっている．例外的な処理をした場合には，左辺第3項のように本来の電源の微分が追加される．もちろん電源が時間に関係ない定数であるときには，この項は発生しない．

問題 3.2 図3.14の回路について上の説明を確かめよ．

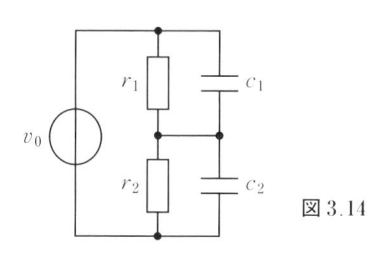

図3.14

4 固有振動と安定性

4.1 解法と解釈

回路の重ねあわせ 図 4.1（a）の等価回路が得られたとする。電圧源 v_0 が与えられたとし（簡単のために直流とする），電流 i に対する微分方程式を考える。

$$L\frac{di}{dt} + Ri = v_0 \tag{4.1}$$

よく知られているように，この式の一般解は

$$L\frac{di}{dt} + Ri = 0 \tag{4.2}$$

の一般解 i_T と

$$L\frac{di}{dt} + Ri = v_0 \tag{4.3}$$

の特解 i_S の和として与えられる。

式 (4.1)〜(4.3) を回路として描くと，図 4.1 のようになる。

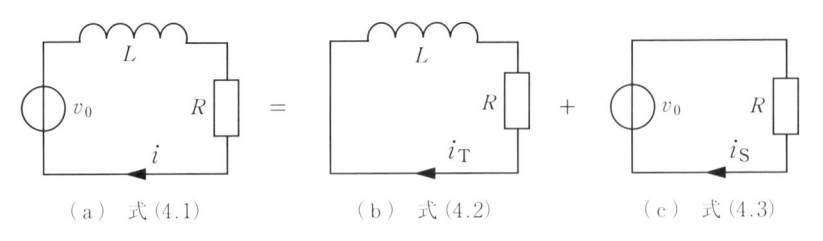

（a） 式 (4.1)　　　（b） 式 (4.2)　　　（c） 式 (4.3)

図 4.1　回路の重ねあわせ

図 4.1（a）が元々の等価回路で，最終的な一般解 i を与える。図（b）は式（4.2）に対応し，右辺を 0（つまり電源を 0）とした回路の一般解 i_T を与える。式（4.3）では，右辺が定数なので特解として定数を仮定すると，時間微分が 0 になり，インダクタは短絡になる。図（c）が式（4.3）に対応し，特解 i_S を与える。そして求める電流 i は i_T と i_S の和となる。

以上の関係は，次のように解釈される。図 4.1（c）の回路では，電圧源は自分が直流だから直流電流を流すと決心する。するとインダクタは短絡になり，直流回路の計算によって求められる電流 i_S が i の一つの成分になる。しかし i に対する条件，例えば初期値が与えられると，i_S だけではそれを満たせない。そこで回路は，自力で生成できる電流 i_T を用いてその差を埋める。いわば回路（b）と（c）を重ねあわせると回路（a）になる。

4.2 固 有 振 動

図 4.1 の電流を構成する成分のうちで，i_S は電源によって決められるが，i_T は電源に依存しない回路固有の電流である。i_T の関数形は固有振動と呼ばれ，回路の重要な性質を表わすと考えられる。

抵抗への置きかえ　式（4.2）の一般解は

$$i_T = ae^{pt} \quad (a, p は定数) \tag{4.4}$$

の形をしている†。この形を仮定すると，インダクタ，キャパシタの性質

$$v = L\frac{di}{dt}, \quad i = C\frac{dv}{dt} \tag{4.5}$$

は，次のように書きなおされる。

$$v = pLi, \quad i = pCv \tag{4.6}$$

つまり，インダクタは抵抗 pL，キャパシタはコンダクタンス pC とみなすことができる。

---

† 微分方程式論によれば，p の決定方程式が重根を持つとき，式（4.4）以外の形の解が存在する。しかし，しばらくはそれに触れない。

4. 固有振動と安定性

固有振動の決定　固有振動を求めるには，電源を0とおき（つまり電圧源を短絡，電流源を開放で置きかえる），インダクタ，キャパシタをそれぞれ抵抗 pL，コンダクタンス pC で置きかえ，直流回路と同じように回路方程式を作る。そして0でない解が存在するように p を決定すれば，式(4.4)の形の固有振動が得られる（a は別の条件がなければ決まらない）。

例題 4.1　例として図4.2の等価回路を考える。電圧源を0とおき，図のように未知電流を設定して閉路方程式を作ると

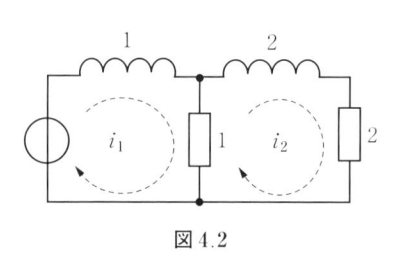

$$(p+1)i_1 \quad\quad -i_2 = 0 \quad (4.7)$$
$$-i_1 + (2p+3)i_2 = 0 \quad (4.8)$$

図4.2

となる。この方程式系から $i_1 = i_2 = 0$ 以外の解が得られるための条件として，左辺の係数行列式を0とおく。

$$\begin{vmatrix} p+1 & -1 \\ -1 & 2p+3 \end{vmatrix} = 0 \quad (4.9)$$

すなわち

$$2p^2 + 5p + 2 = 0, \quad \therefore \quad p = -0.5, \; -2 \quad (4.10)$$

となって，固有振動 $a_1 e^{-0.5t}$，$a_2 e^{-2t}$ が得られる。インダクタが2個あると，固有振動も2個存在する。

電源が0でも　電源が0でも電流が流れることに，奇異の感を持つ読者がいるだろう。しかし現在の電源値が0でも，過去に0でない電源が存在すれば，その影響が現在に残っていても不思議ではない。

寺の梵鐘を考える。寺の僧は鐘に撞木を突きあてて力を加えるが，すぐに撥ねかえされ，その後は力を伝えられない。しかし，いま力は0でも鐘は鳴っている（図4.3）。

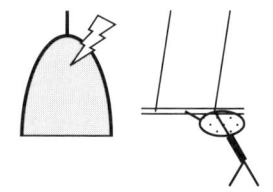

図4.3　力は0でも鐘は鳴る

音色は同じ 　ここで注意してほしい．鐘の音の大きさは撞くときの力しだいで変わるが，どのように撞いても鐘の音色はだいたい同じである．式 (4.4) でも a は条件によって変わるが，p は回路によって決まる一定の値である．

4.3 安定性の基本概念

固有振動は ae^{pt} （ a, p は定数 ）という形をしている．p を固有振動指数と呼ぶ．一般に p を求めるには，回路方程式を作り，係数行列式を 0 とおけばよい．方程式としては閉路方程式，節点方程式など，システムの振舞いを規定するものならば何でもよい．p を決定する表現を，そのシステムの特性多項式，特性方程式などと言う．

固有振動の振舞い 　普通，特性方程式は実数係数方程式であり，その零点 p つまり固有振動指数は，実数あるいは共役複素数になる．根 p が実数の場合には

$$p > 0 \quad \text{であれば} \quad |ae^{pt}| \to \infty \quad (t \to \infty) \qquad (4.11)$$

$$p \leqq 0 \quad \text{であれば} \quad |ae^{pt}| < \infty \quad (t \to \infty) \qquad (4.12)$$

となる．ここで $< \infty$ は，有限の範囲に止まるという意味である．

p が共役複素数 $\alpha \pm j\beta$ である場合には，ae^{pt} を整理すると $ae^{\alpha t}\cos\beta t$ および $ae^{\alpha t}\sin\beta t$ の形になり，絶対値は p の実部 α によって決定される．すなわち

$$\mathrm{Re}\, p > 0 \quad \text{であれば} \quad |ae^{pt}| \to \infty \quad (t \to \infty) \qquad (4.13)$$

$$\mathrm{Re}\, p \leqq 0 \quad \text{であれば} \quad |ae^{pt}| < \infty \quad (t \to \infty) \qquad (4.14)$$

である．式 (4.13), (4.14) が式 (4.11), (4.12) をそれぞれ含むから，次のようにまとめられる．

定義 4.1　固有振動の安定性 　時間の経過とともに絶対値がどこまでも大きくなる固有振動を不安定（発散）と言い，有限に止まる固有振動を安定と言う．

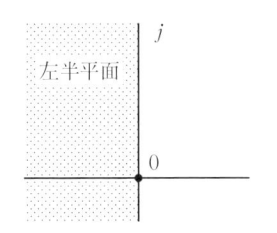

つまり安定・不安定は，固有振動指数 p が複素数平面上で虚軸の左右どちら側にあるかで決まる（図4.4）。

システムの安定性　システムが与えられたとき，固有振動は一般に複数個存在する。それらは初期条件に従ってさまざまな大きさで現れ，システムの振舞いはそれら固有振動の和として表わされる。複数の固有振動の中には，安定なものや不安定なものがあるかもしれないが，一つでも不安定な固有振動があると（項の打消しあいなど微妙な場合を除けば），固有振動の和が無限に大きくなるだろう。したがって，システム全体としての安定性・不安定性を，次のように定義する。

定義 4.2　システムの安定性　システムのすべての固有振動が安定な場合に安定であると言い，一つでも固有振動が不安定な場合に不安定であると言う。

すべての固有振動指数 p を求めたときには，次のように言える。

「システムのすべての p について $\mathrm{Re}\,p \leqq 0$ ならばシステムは安定であり，一つでも $\mathrm{Re}\,p > 0$ なる p があれば不安定である。」

狭義の安定性　安定とは，固有振動が無限には増大しないことである。しかし「固有振動が時間とともに消滅するかどうか」が重要な場合がある。その意味で上の条件から等号を外した定義を考える。

定義 4.3　狭義の安定性　$\mathrm{Re}\,p < 0$ となる固有振動を，狭義の安定と言う。またすべての固有振動が狭義の安定であるシステムを，狭義の安定と言う。

狭義の安定である固有振動は時間とともに消滅し，狭義の安定であるシステムでは，すべての固有振動が時間とともに消滅する。

固有振動はシステムの動作を支配する。システムが動作を始めると一般に固有振動が生じるが，システムが安定であれば動作はある範囲に収まる。特にシ

ステムが狭義の安定であれば，やがて固有振動が消滅して外部入力に対する応答だけが残る。しかしシステムが不安定であると，固有振動がどこまでも増大して収拾がつかなくなるだろう。不安定なシステムは，普通は使いものにならない。その意味で，設計段階で安定・不安定を判定することが重要である。

4.4 フルビッツ多項式

システムの特性多項式を $h(p)$ とする。多くの場合 $h(p)$ は実係数多項式であり，その零点(れい)が固有振動指数を与える。したがって $h(p)$ の零点がすべて（虚軸を含む）左半平面にあるとき，システムは安定である。

定義 4.4 フルビッツ多項式 すべての零点が（虚軸を含む）左半平面にある多項式を，フルビッツ多項式と言う。またすべての零点が（虚軸を含まない）左半平面にある多項式を，狭義のフルビッツ多項式と言う。

例外の考察 システムが安定であるための条件は，特性多項式がフルビッツ多項式となることである。しかしここに 33 ページの脚注で除外した例外がある。微分方程式論によれば，特性方程式が重根 p を持つとき，ae^{pt} 以外に $at^n e^{pt}$（n は正整数）の形の固有振動が存在する。

p の実部が負であれば t^n があっても固有振動は時間とともに消滅するから，定義 4.1 の安定性判定法が有効である。問題は実部 0 の重根 $\pm j\omega$ が存在する場合である。このとき固有振動は $t^n \cos \omega t$ および $t^n \sin \omega t$ の形になり，有限に止まらない。つまりシステムは不安定である。したがって他書には次の記述が見られる。

「特性多項式がフルビッツ多項式であればシステムは安定である。ただし多重零点が虚軸上に存在すれば不安定である。」

しかしこれで問題はないのか。

例題 4.2 図 4.5 の回路を考え，$L = C = 1$, $M = 0$ とする。閉路方程式は

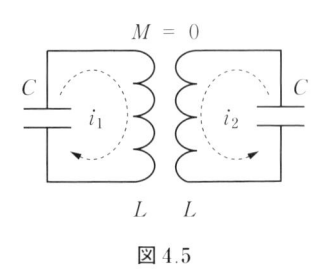

$$(p + 1/p)i_1 = 0 \quad (4.15)$$
$$(p + 1/p)i_2 = 0 \quad (4.16)$$

特性方程式は

$$(p + 1/p)^2 = 0 \quad (4.17)$$

となって，$p = \pm j$ に重根を持つ．したがって $a_1 e^{\pm jt}$, $a_2 t e^{\pm jt}$ の形の固有振動が生じ，安定性の定義によりシステムは不安定だと結論される．ここまでが上の説明である．

図 4.5

しかしそれはおかしい．いまの場合 $M = 0$ であるから両側の回路は切りはなされ，実際上無関係である．片側だけを考えれば $p = \pm j$ の単根であり，固有振動は $a_1 e^{\pm jt}$ だけだから，システムは安定である．いまある人が左側の回路を作り，安定であると納得していたところ，遠い場所でだれかが右側の回路を組みたてると，突然に左側の回路に不安定な固有振動が生じることになる．それは現実にはありえない．

実際，日本各地で規格品の回路を組みたてているから，この状況はいたるところに存在し，左側の回路に不安定な固有振動が生じるはずだが，そんなことはない．実際に計算してみると，不安定な固有振動は生じないことがわかる．

狭義の定義にすれば　このように虚軸上の重根について考えると，例外に例外を重ねる記述が必要になって際限がない．この問題に深入りしないで，特性多項式が狭義のフルビッツ多項式である場合だけを考えることにすれば，システムは狭義の安定であり，固有振動がすべて時間とともに消滅するから，微妙な問題は起きない．実際上はそれで充分だろう．

簡単な判定法　与えられた多項式がフルビッツ多項式かどうかを判定することは重要だから，いままでに多くの方法が提案されてきた．後の章でも一つの方法について論じる．しかしコンピュータが便利に使える現在では，理論を振りまわさないですべての零点を直接求めるほうが簡単かもしれない．またおおまかな判別法としては，最高次正係数の実係数多項式がフルビッツ多項式で

あるときには，係数がすべて正であり，多項式の中央部ほど係数が大きくなる。この正係数条件は，2次多項式までは必要充分だが，3次以上の場合には必要だが充分条件ではない。

4.5　固有振動の数

自由度　システムの固有振動は，何個かの固有振動の組合せとして与えられる。それぞれの固有振動には係数があり，条件の与え方によってさまざまな値をとる。つまり独立な固有振動の個数が，システムの動作の複雑さを表わすと言える。その意味でシステムが持つ独立な固有振動の個数を，システムの自由度と言う。

微分方程式　微分方程式論によれば，斉次微分方程式の独立な解の個数は微分方程式の階数に等しい。システムの動作を表わす微分方程式を冗長性なく導出すれば，その階数が独立な解の個数，すなわち固有振動の個数（自由度）になる。しかし乱雑に多数の方程式を作ったのでは，独立でない式を消去して整理した結果が何階の微分方程式になるのかわからない。「やってみなければわからない」のでは理論と言えない。

状態方程式　状態方程式を考えるとどうか。状態変数はシステムの状態を規定する独立変数であるから，状態変数 x_1, x_2, $\cdots$ が確定すれば，状態方程式は

$$\left. \begin{aligned} \frac{dx_1}{dt} &= \cdots\cdots \\ \frac{dx_2}{dt} &= \cdots\cdots \\ &\vdots \end{aligned} \right\} \quad (4.18)$$

という形になり，微分方程式系の階数が固有振動の個数を与える。すなわち自由度は状態変数の個数に等しい。

独立な状態変数に到達する過程で，電圧源とキャパシタのみによる閉路，あるいは電流源とインダクタのみによるカットセットが存在するときには，最小

限のキャパシタとインダクタを除去してその状況を解消した。その後に残された（状態変数に対応する）キャパシタとインダクタの総数が，自由度に等しい。上の操作では直観的な視察が必要なように思えるかもしれないが，実は式 (4.18) の形の方程式系が冗長性を含むときに，行列論的な解析によって機械的に冗長性を消去する方法が知られている。

ラプラス変換形　ラプラス変換形の回路方程式から出発した場合には，まず左辺の係数行列式を計算することになる。左辺に冗長性があれば，行列式が 0 になることによって検出される。行列式から特性方程式を導出するときに，回路がキャパシタかインダクタのどちらかだけを含むならば見通しがよいが，双方が存在すると方程式は

$$\left(pL + \frac{1}{pC} + \cdots\right) i_1 + (\cdots) i_2 + \cdots = 0 \tag{4.19}$$

という形になり，係数行列式から特性多項式を作ったときに p の何次式になるかを簡単には推定できない。この見通しの悪さを解決するために，後の章で次数の概念を導入する。

回路関数　方程式による解析結果から，インピーダンスや伝達関数などの回路関数が導かれる。式 (4.18) の形の状態方程式の場合には，ラプラス変換し左辺の係数行列式を作ると次の形になる。

$$\begin{vmatrix} p + \cdots\cdots\cdots\cdots \\ \cdots p + \cdots\cdots\cdots \\ \cdots\cdots p + \cdots\cdots \\ \cdots\cdots\cdots \end{vmatrix} \tag{4.20}$$

方程式を解いて必要な回路変数を求めると，係数行列式すなわち特性多項式が解の分母に現れる。すなわち回路関数の分母の次数（回路関数の定義によっては分子の次数）が，自由度を表わしている。

しかし計算の結果において分母と分子から共通因数が約分され，次数[†]が低下するかもしれない。例えば同じ回路を 2 個直列に接続すると，インダクタと

[†] 次数の定義については，5.4 節の説明を参照せよ。

キャパシタの数はそれぞれ2倍になるが，インピーダンスの関数形は変わらない。制御理論でいう観測可能性と同じ問題が起きている。ある端子対から回路内の現象がすべて観察できるとはかぎらない。隠れた固有振動の分だけ回路関数の分母次数が低下する。

計算する過程で次数が低下する可能性があるが，与えられた回路関数を実現するときに必要最小限なキャパシタとインダクタの総数は，5.4節で説明する関数の次数によって与えられる。

結局基本的関係として，（変数や方程式の独立性や観測可能性などの考慮が必要だが）独立な固有振動の数（システムの自由度）は，状態変数の個数（冗長性消去後のキャパシタとインダクタの総数）に等しく，回路関数の次数と密接に関連する（**図 4.6**）。

```
固有振動の数（自由度）
    |
冗長でない
微分方程式の階数
    |
冗長性を除いた状態変数
の個数（L, Cの総数）
    |
回路関数の次数
```

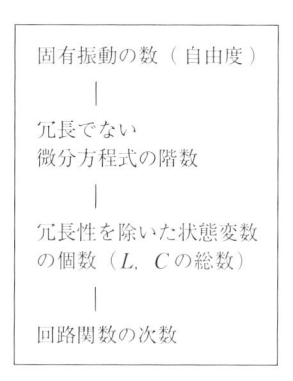

図 4.6 基本的関係

(問題) 4.1 図 4.7（a）の相互インダクタに対して図（b）のような等価回路が用いられる。冗長性のない等価回路はどう描けばよいか。このとき自由度との関係はどのように考えられるのか。

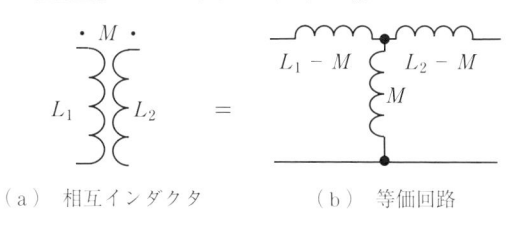

(a) 相互インダクタ　　(b) 等価回路

図 4.7 相互インダクタと等価回路

4.6 隠された固有振動

現実のシステムをモデルで表現するときには，重要な要素を選び，微小な要素を無視する。それは自然な考えだが，安定性についての注意が必要である。図 4.8（a）は，能動性半導体素子を負抵抗で表わし，外部に負荷として正抵抗を接続した等価回路である。この回路の安定性を調べたいのだが，抵抗だけ

4. 固有振動と安定性

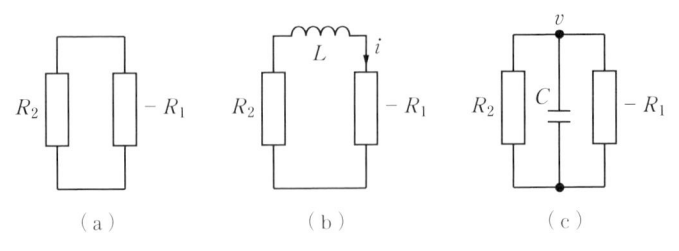

図4.8 微小な要素

の回路では固有振動を議論できない。

微小な要素　実際の回路では，接続導線に微小なインダクタンス L が含まれる。図（b）の回路について固有振動 ae^{pt} を求めると，指数は

$$p = (R_1 - R_2)/L \tag{4.21}$$

したがって，安定なための条件は $R_1 \leqq R_2$ となる。

いっぽう，配線の間には微小なキャパシタンス C が存在する。図（c）の回路について計算すると，指数は

$$p = (R_2 - R_1)/CR_1R_2 \tag{4.22}$$

したがって安定なための条件は $R_1 \geqq R_2$ となる。

上の二つの条件は相いれないが，実際の回路は安定か不安定かのいずれかである。小さな L や C でも追加すれば固有振動が一つ増え，安定性がどうなるかわからない。すべての要素を等価回路に含めるべきだと言われても，実際には無数の小さな L や C が存在するから，全部を考慮するわけにはいかない。

特異なせつ動　普通は回路方程式を僅かに変更したとき，解も僅かしか変化しない（せつ動と言う）。しかし僅かな変更でも，微分方程式の階数や特性方程式の次数が変わると，新しい固有振動が追加される。それは僅かな変化ではない。この種の問題を特異なせつ動と言うことがある。追加微小要素の影響は簡単でないが，定性的な傾向として多くの L や C を考慮に入れるほど矛盾が生じにくくなる。しかしそれは頼りない対策である。

問題 4.2　上の例で L と C を両方とも考慮して，安定性を調べよ。その結果は L または C が1個だけの場合とどのような関係にあるか。

5 システムの複雑さ

5.1 空間構造

　空間構造を保存しつつシステムを等価回路で表現すれば，システムの自由度や複雑さを明らかにすることができる．以下では説明を簡単にするために，等価回路が抵抗，キャパシタ，インダクタなどの2端子素子から構成されている場合を考える．

　グラフとトポロジー　　与えられた**図 5.1 (a)** の等価回路に対して，図 (b) のようにその接続関係のみに着目した表現を，その回路のグラフという．回路が与えられるとグラフを構築できるが，グラフから回路を再現することはできない．接続構造のみに着目してシステムの性質を論じることをトポロジーと言う．

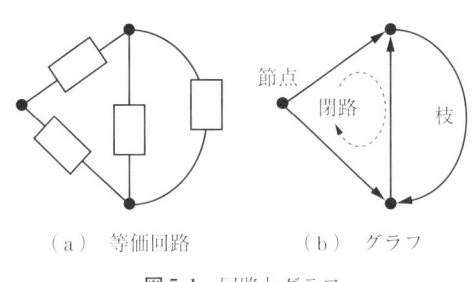

（a）等価回路　　（b）グラフ

図 5.1　回路とグラフ

　節点，枝，閉路　　グラフについて，図 (b) に示すように節点，枝，閉路を定義する．定義は自明なので説明を省略する．枝と閉路には向きを付けなくてもよいが，普通は向きを付ける．電源は，議論の都合によって枝とみなしてもよいし，あるいはグラフにあからさまに描かず，電流源は節点に付属する量，電圧源は閉路に付属する量とみなし，回路方程式を作るときに取りいれる

双対性　節点は 0 次元, 枝は 1 次元, 閉路は 2 次元の存在だと考えることができる. グラフの性質については, 1 次元の枝を挟んで, 0 次元の節点と 2 次元の閉路の性質が対応することがある (**図 5.2**). この関係を「双対性」と呼ぶ.

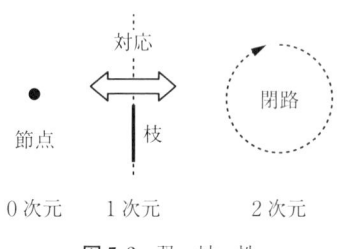

図 5.2　双対性

例えば節点に集まる電流の和は 0 になり, 閉路に含まれる電圧の和は 0 になる. 双対の関係では, 電圧と電流が入れかわる. 抵抗に関するオーム則において, 電圧 v と電流 i を交換し, 抵抗値 r とコンダクタンス g を取りかえると

$$v = ri \quad \text{は} \quad i = gv \tag{5.1}$$

となり, 同じ内容の式になる. これは当たり前だが, 抵抗の直列接続, 並列接続, また電圧・電流の分配などの式が同じように入れかわることに注意してほしい.

5.2　木 と 補 木

木と補木は, 次のように定義される.

定義 5.1　木　木は次の性質を持つ枝集合である.
（ⅰ）すべての節点を接続する.
（ⅱ）閉路を含まない.

定義 5.2　補木　グラフにおいて木を定義したとき, 残りの枝の集合を補木と言う.

木と補木はペアとして定義される. **図 5.3** に木 (太線) と補木 (細線) の例を示す. グラフにおいて一般に複数組の木‐補木のペアが存在する. 後でわかるように木と補木は双対の関係にある. グラフの節点の数

図 5.3　木と補木

を n，枝の数を b とすると，木を構成する枝の数は $n-1$，したがって補木を構成する枝の数は $b-n+1$ となる．

次の性質は重要である．

性質 5.1 木 枝　木を構成する枝の電圧は任意に指定することができ，それによって他の枝の電圧が決定される（ここで「任意に指定」というのは，グラフだけを見るときの話である．元の回路に戻れば，回路方程式を解いてすべての枝の電圧が決定されるのだから，任意に指定することはできない）．

上の性質については，次のように考える．木枝は閉路を作らないから，各枝の電圧を任意に指定しても矛盾することはない．木枝の電圧が指定されたとき，一つの節点の電位を基準とするとすべての節点の電位が指定される．したがって節点間の電位差すなわちすべての枝の電圧が定まる．

上で木と補木，電圧と電流を入れかえると，次の双対な表現が得られる．

性質 5.2 補木枝　補木を構成する枝の電流は任意に指定することができ，それによって他の枝の電流が決定される．

これは正しいか．例題によって考えよう．

例題 5.1　図 5.4（a）のグラフが与えられたとする．太線のように木枝を設定し，補木枝電流を図のように指定したとき，他の枝の電流はすべて決定できるだろうか．電流未決定の枝が1本だけになっている節点を探して次々と枝電流を決めていけば，結局すべての枝電流が決定できそうである．しかし

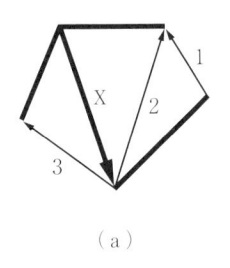

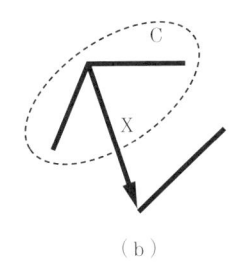

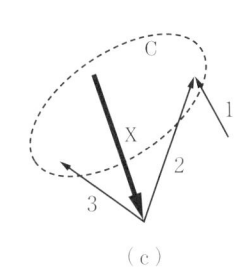

(a)　　　　　　　(b)　　　　　　　(c)

図 5.4

46　　5. システムの複雑さ

もっと確信の持てる説明はないのか。

　例として木枝 X の電流を決定する問題を考える。ただちに求められそうもないが，次のように考える。図（b）のように木枝だけを考える。枝 X を切断すると木は二つの部分に分かれる。その一方を領域 C と考えると，C への電流の出入りは合計 0 でなければならない。X 以外に領域 C に出入りするのは補木枝だけで，その電流は与えられている。領域 C に出入りする電流の合計を 0 とおけば，図（c）のように枝 X の電流は 6 と求められる。

　上ではいくつかの節点を領域 C としてまとめ，それを一つの節点であるかのように考えて電流の出入りを 0 とおいた。これはカットセットの概念と同等である。確かに図（a）で 3 本の補木枝と枝 X を切りはなすと回路は二つの部分に分かれる。カットセットは分離条件を満たす枝の集合としてもよいが，上のようにいくつかの節点をまとめたものとして定義すると，理解を助けることがある。

5.3　回路方程式との関係

方程式と未知数　　節点方程式の場合には，一つの節点を 0 電位とし他の節点電位を未知数とすると，回路の状態が規定される。未知数の数は $n-1$ で木枝数に等しく，節点方程式に冗長性はない。いっぽう閉路方程式について初心者のレベルでは，どのように閉路をとればよいのかがよくわからないと思う。実際，**図 5.5** のように閉路を設定してみると，閉路方程式のうちの一つが冗長になる。

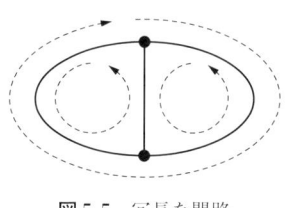

図 5.5　冗長な閉路

平面回路，非平面回路　　回路が平面上に交差することなく描いてあれば，（平面回路と言う）独立な未知電流を簡単に設定することができる。この場合には，枝によって区分された小領域がそれぞれ閉路に対応すると考えて，**図 5.6** のように閉路電流を設定すればよい。

5.3 回路方程式との関係

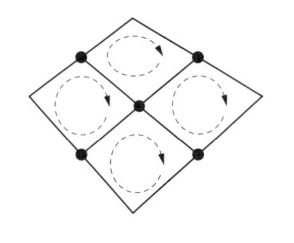

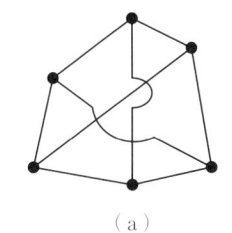

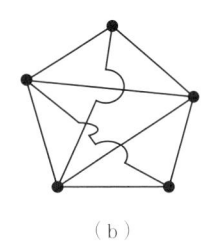

図5.6 平面回路

図5.7 非平面回路
（a）　　　　　　（b）

しかし平面上に交差なしでは描けない回路もある（**図5.7**が代表例，非平面回路と言う）。その場合には上の考えが適用できない。独立な閉路電流が簡単に設定できないときには，一つの補木を定義する。そしてそれぞれの補木枝について，他はすべて木枝のみを通る閉路を定義すればよい。そうすれば冗長な方程式が生じることはなく，未知数の数は $b-n+1$ になる。

問題 5.1　図5.7（a）のように六角形の6本の辺と，向かいあう頂点を結ぶ3本の対角線からなるグラフについて，独立閉路電流を設定せよ。独立閉路は何個あるか。

状態方程式の場合　状態方程式との関係を考えると，4章での自由度の議論と同じことになるが，次のようになる。キャパシタ，インダクタをそれぞれ電圧源，電流源で置きかえ，必要ならばそのいくつかを取りのぞいて，電源のみによる閉路あるいはカットセットが存在しないようにする。そこで状態方程式を構成すると冗長性がない。

この性質に基づいて木・補木を次のように構成する。

「木・補木を設定するときに，電圧源はすべて木枝に含め，できるだけ多くのキャパシタを木枝に含める。電流源はすべて補木枝に含め，できるだけ多くのインダクタを補木枝に含める。このとき木に含まれるキャパシタと補木に含まれるインダクタの総数が，独立な固有振動の数，つまり自由度に等しい」

多くの場合に上の操作は必要なく，単にキャパシタ，インダクタの総数がそのまま自由度に等しくなる。

5.4　回路関数の複雑さ

　回路方程式を構成しそれを解くことによって，入力インピーダンスや伝達関数などの回路関数が導かれ，左辺の係数行列式が解の分母あるいは分子に現れる（ただし分母分子が約分されて，簡単化されるかもしれない）。

　5.3節までの考察によれば，状態方程式の左辺係数行列式のpに関する次数は，自由度，つまり（いくつかのキャパシタ，インダクタを取りのぞいた後の）キャパシタ，インダクタの総数に等しい。しかし分母分子の約分の問題があるから，問題は簡単ではない。前に説明したように同じ回路を2個直列に接続すると，キャパシタ，インダクタの総数は増えるが，入力インピーダンスの関数形は変化しない。それは解の公式に従って計算すると多数の共通因数が約分されるからである。

　次数の定義　　回路関数の複雑さは，回路構造（トポロジー）だけでなく代数的な問題でもある。代数的な立場から関数の複雑さを表現する概念が次数である。微分演算子あるいはラプラス変換の変数をpとし，pの関数としての複雑さを考える。pの関数$f(p)$の次数を，$\deg f$と書く。

　$f(p)$がpの多項式である場合には，普通の意味での多項式次数を採用する。有理関数$h(p) = f(p)/g(p)$に対する次数については古くからさまざまな定義が試みられたが，次の定義が合理的なことがわかった。ここで$f(p)$，$g(p)$は多項式で，共通因数を持たないとする。

　定義 5.3　有理関数の次数　　有理関数$h(p) = f(p)/g(p)$の次数を次のように定義する。ここで$f(p)$，$g(p)$は共通因数を持たない多項式とする。

$$\deg h = \max(\deg f, \deg g) \tag{5.2}$$

　この定義によれば次の諸性質が満たされる。これらは多項式次数の概念に沿った自然な関係である。

（ⅰ） 定数 c に対して
$$\deg c = 0 \tag{5.3}$$
この逆も成立する。

（ⅱ） 0でない定数 c に対して
$$\deg (ch) = \deg h \tag{5.4}$$

（ⅲ） h が恒等的に 0 でなければ
$$\deg (1/h) = \deg h \tag{5.5}$$

（ⅳ） 有理関数 h_1, h_2 に対して
$$\deg (h_1 + h_2) \leqq \deg h_1 + \deg h_2 \tag{5.6}$$

（ⅴ） 有理関数 h_1, h_2 に対して
$$\deg (h_1 h_2) \leqq \deg h_1 + \deg h_2 \tag{5.7}$$

これらの関係が成立することを確かめてほしい。回路中のキャパシタ，インダクタの総数に基づいて回路関数の次数を推定すると一般に大き目の推定になるが，共通因数や最高次項の打消しあいのような微妙なことが起きなければ，それは正しい推定になる。

逆に回路関数が与えられたとき，それを実現するために最低限必要なキャパシタ，インダクタの総数はその次数に等しい。そのような立場からの回路構成論が完成されている。

(問題) 5.2　図 5.8 の回路について素子値を適当に設定してインピーダンスを計算し，関数の次数，キャパシタ，インダクタの総数を比較せよ。

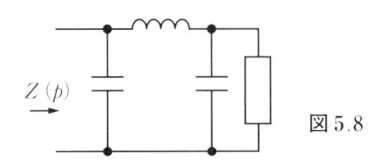

図 5.8

5.5　次 数 の 拡 張

多入力，多出力システムでは，伝達特性が有理関数を要素とする行列として

与えられる。それに対して有理関数の次数の定義をさらに拡張することができる。その考え方は面白い。

極の次数　　有理関数の次数の定義式 (5.2) を次のように書きなおす。

$h(p) = f(p)/g(p)$ の各極に着目し，それぞれの主部を求める。$h(p)$ が $p = p_k$ に m_k 位の極を持つとき，m_k をその極の次数と定義する。さらに

$$\deg h = \sum m_k \tag{5.8}$$

とする。ここで $\sum$ は（無限遠点も含めて）すべての極についての和である。つまり極はそれぞれ自分の次数を持ち，その合計が関数の次数だと考える。

行列への拡張　　以上の考えは行列の場合に拡張される。要素が有理関数だから，特異点はすべて極である。ある点において一つでも要素が極を持てば，それを行列の極と定義する。行列のそれぞれの極においてすべての小行列式を調べ，その最大位数をその極の次数と定義する。無限遠点も含めてすべての極についての極の次数の和を行列の次数と定義する。これは有理関数の次数の自然な拡張になっている。

有理関数行列 H の次数を $\deg H$ とすれば，5.4 節の有理関数の性質 (i)～(v) に対応して次の性質が確かめられる。ただし行列の演算の表現が多少変更される。

(i)　H が定数行列ならば

$$\deg H = 0 \tag{5.9}$$

この逆も成立する。

(ii)　$\det K \neq 0$ である定数行列 K に対して

$$\deg(KH) = \deg H \tag{5.10}$$

(iii)　有理関数 h と定数行列 K に対して

$$\deg(hK) = \operatorname{rank} K \cdot \deg h \tag{5.11}$$

(iv)　H の逆行列が存在すれば

$$\deg H^{-1} = \deg H \tag{5.12}$$

(v)　二つの行列の加算ができるときには

$$\deg(H_1 + H_2) \leq \deg H_1 + \deg H_2 \tag{5.13}$$

(vi) 二つの行列の乗算ができるときには
$$\deg(H_1 H_2) \leqq \deg H_1 + \deg H_2 \qquad (5.14)$$
(vii) 行列のどの小行列の次数も元の行列の次数を超えない。
(viii) 行列がいくつかの行列の直和であれば，次数はそれらの和になる。

問題 5.3 （少し難しいが）上の性質（iv）の証明を試みよ。

有理関数行列が等価回路によって実現される場合について，回路を構成するのに必要充分なキャパシタ，インダクタの総数は行列の次数に等しいことが示されている。

その他の問題 以上によって，有理回路関数の次数と回路の自由度の関係があきらかになった。しかしこれを無限個の素子や分布定数素子を含む場合に拡張することは容易でない。それらの場合には無理関数や超越関数が現れ，特異点として分岐点や真性特異点が現れるから，有理関数の次数の概念をそのまま拡張することはできない。いっぽう1次元など回路構造を限定し，あるいは素子や線路の種類を制限すれば特異点の形態が限定され，ある程度の議論ができそうに思われる。しかしこの問題を掘りさげた研究はない。

6 受動システム

6.1 受動性と安定性

「受動性とはエネルギーを発生しないことだ」と簡単に理解している人が多い（図6.1）。しかし世の中でわれわれの日常生活を支配しているシステムの多くは受動的であるから，単に概念を学ぶだけでなく，受動システムの特性を把握し，周囲の日常現象を解釈し，理解することが必要である。

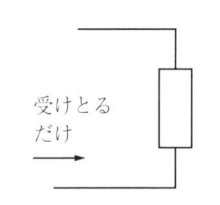

図6.1 エネルギーを発生しない

安定性命題 次の性質は，受動システムをめぐる最大の命題である。

命題 6.1 安定性命題 受動システムは安定である。

この命題は物理的に自明なように思われる。システムが不安定ならば，固有振動の振幅が無限に大きくなるはずである。抵抗の電流が無限大になれば無限大の電力が消費される。またキャパシタの電圧あるいはインダクタの電流が無限大になれば，無限大のエネルギーが蓄えられる。しかし最初のエネルギーが有限であれば，システムが無限にエネルギーを発生しないかぎりそのようなことは起きない。

2章で論じたように受動性の定義には曖昧さがあるし，例えばシステム内部に不安定な固有振動があっても，端子から観測されないかもしれない。しかしそのような形式的な問題を抜きにしても，この命題を一般的に証明することは

簡単でなく，むしろ不可能と言うべきである．

キャパシタ，インダクタなどのエネルギーを蓄える素子の数が有限であれば，初期状態における蓄積エネルギーは有限である．そのエネルギーがどれかの有限値の素子に蓄えられても電圧・電流は有限であるから，上の命題が証明される．しかしシステムが無限個の素子や分布定数素子を含む場合には，問題は簡単でない．

無限個の素子が存在する場合には，個々の素子の初期エネルギーが有限であっても，その合計が無限大であるかもしれない．また初期エネルギーの合計が有限であっても，無限小値の素子にエネルギーが集中すれば，電圧あるいは電流が無限大になるかもしれない．安定性の定義によれば，それは不安定性を意味する．また分布定数線路では，初期状態において線路に蓄えられる電荷が有限であっても，あるとき1点に電荷が集まりだすと電圧が限りなく増大するだろう．

有限個の素子　　実際には上のようなことは起きないが，起きないことをオーム則とキルヒホッフ則から証明することは難しい．おそらく熱力学など他分野の法則が必要になるだろう．あるいは安定性を電圧・電流によって定義するのでなく，エネルギーの視点から定義しなおすべきなのかもしれない．これらの思想的な問題を避けるには，議論を有限個の素子からなる回路に限定するのが簡単である．そうすれば安定性命題は有効である．

有限個の素子の場合，インピーダンスなどの回路関数は実係数有理関数で，（約分がなければ）分母が特性多項式になる．有理関数の特異点は極に限られる．システムが安定であれば，極は（虚軸を含む）左半平面内にあり，したがって回路関数は（虚軸を含まない）右半平面で正則である．虚軸上に極があってもよい（図6.2）．

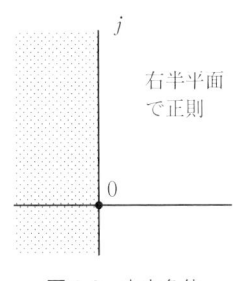

図6.2　安定条件

6.2　実部の正値性

受動性については，2章で

$$\int_0^t v(\tau)\, i(\tau)\, d\tau \geqq 0 \quad (\text{式 (2.9) 再掲})$$

すなわち現象が $t=0$ から始まるとして，「どのような印加電流に対しても，現象が始まってから任意の時点までに受けとったエネルギーが負になることはない」と定義した。インピーダンスが存在するのか，どの範囲の印加電流を考えるのかといった問題はあるが，一応この定義から出発する。

印加電流と応答　任意の印加電流として次のような増大正弦波を仮定する。これは不必要に議論を限定するものではない。ラプラス変換可能な範囲の印加電流を考え，その構成素電流を想定したのだと言える。

$$i(t) = \mathrm{Re}(ae^{pt}), \quad p = \alpha + j\omega, \quad \alpha > 0 \tag{6.1}$$

インピーダンスを $Z(p)$ とすると，このとき電圧は

$$v(t) = \mathrm{Re}(be^{pt}) + v_0(t) \tag{6.2}$$

と書ける。ここで

$$b = Z(p)a \tag{6.3}$$

である。つまり指数 p が複素数になっても，正弦波のときと同じようにインピーダンス表現を特解として用いることができる。$v_0(t)$ は固有振動を表わす。受動システムは安定だから $v_0(t)$ の絶対値は有限である。

エネルギーの計算　上式 (2.9) を計算すると

$$\int_0^t \mathrm{Re}(ae^{p\tau})\mathrm{Re}(be^{p\tau})\,d\tau + \int_0^t \mathrm{Re}(ae^{p\tau})v_0(\tau)\,d\tau \tag{6.4}$$

式 (6.4) の計算結果において，第1項は $e^{2\alpha t}$ のオーダ，第2項は $e^{\alpha t}$ のオーダになるから，式 (6.4) が非負であるためには，第1項が非負でなければならない。さらに第1項は次のように書ける。

$$(uw/2)\int_0^t e^{2\alpha\tau}\{\cos(\phi-\phi) + \cos(\phi+\phi+2\omega\tau)\}\,d\tau \tag{6.5}$$

ここで $a = ue^{j\phi}$, $b = we^{j\varphi}$ とした。

積分すると，式 (6.5) の { } 内第 2 項からは t の指数関数と正弦波の積の形が得られるが，それは時間とともに符号を変える。したがって全体が非負であるためには第 1 項が正になる必要がある。それは $\cos(\phi - \varphi) > 0$ を意味する。

式 (6.5) を参照し，a が電流，b が電圧，Z がインピーダンスに相当することに注意してほしい。Z の偏角を θ とすると，上式は正弦波に対する応答と同じように $\cos\theta > 0$ すなわち Z が第 1, 4 象限にあり，実部が正であることを意味する。また複素電力に相当する表現 $b^* a$ ($*$ は共役複素数を表わす) を作ると，その実部が正である。このように正弦波に対して成立するエネルギーの関係式が，あたかも「解析的延長」したかのように形式的に右半平面に拡張される。受動システムにおいてはこのような性質がしばしば見られる。

受動条件　結局，受動システムにおいて次の性質が得られる。

$$\text{Re } p > 0 \text{ に対して } \text{Re } Z \geq 0 \tag{6.6}$$

である。ここで Re Z に等号を追加したことには深い意味はなく，恒等的に 0 である場合も仲間に入れるためである。前提条件には等号を追加できない。

受動システムは，正弦波に対しても当然受動であるから，虚軸上では極を除いて

$$\text{Re } p = 0 \text{ に対して } \text{Re } Z(j\omega) \geq 0 \tag{6.7}$$

である。もし回路関数 $Z(p)$ が虚軸を含めて右半平面で正則であれば，「正則関数の実部が境界上で最小値をとる」という定理によって，式 (6.7) から式 (6.6) が導かれる。上で長い議論をしたのは，虚軸上に極がある場合を含めて式 (6.6) を導くためである。式 (6.6) は，式 (6.7) の自然な形式的拡張になっている。

問題 6.1　上の条件は「$\arg p < \pi/2$ ならば $\arg Z \leq \pi/2$」と読める。これを拡張した形として，「Re $p > 0$ に対して $\arg Z \leq \arg p$」が成立する。その証明を試みよ。

6.3 正実関数

上の議論に自明な性質を付けくわえて，受動回路が実係数有理関数のインピーダンス（アドミタンスでも同様）$Z(p)$を持つとき，次のようにまとめる．

定義 6.1 正実関数 次の性質を持つ関数$Z(p)$を正実関数と言う．
（i） $p=$ 実数 ならば $Z=$ 実数
（ii） $\mathrm{Re}\, p > 0$ で正則
（iii） $\mathrm{Re}\, p > 0$ で $\mathrm{Re}\, Z \geqq 0$

有理関数の場合，条件（i）は実係数を意味する．また有理関数の場合には，条件（iii）が次のように条件（ii）をカバーする．

極の性質 有理関数の場合，特異点は極だけである．m位の極p_0の近傍で $p - p_0 = re^{j\nu}$ とおき，$Z(p)$の実部の符号を調べる．極の近傍で

$$Z(p) \sim \frac{Re^{j\theta}}{(p-p_0)^m} \quad \text{とすると} \quad \mathrm{Re}\, Z \sim \frac{R}{r^m}\cos(m\nu - \theta) \quad (6.8)$$

となる．もしp_0が右半平面内にあると，$\mathrm{Re}\, Z$の符号は図6.3のようになり，条件（iii）を満足できず，したがって特異点は右半平面内には存在できない．これは条件（ii）をカバーする．

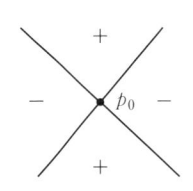

図6.3 $\mathrm{Re}\, Z$の符号（$m=2$の場合）

虚軸上の極 条件（ii）で触れていない虚軸上が問題である．図6.3からわかるように，極p_0が虚軸上にあるとき，ぎりぎりの場合として $m=1$，$\theta=0$ であると，符号の境界線が虚軸に沿って垂直になり，右側で実部が正になる．つまりこのときだけ条件（iii）が満たされる．結局虚軸上では，1位で留数が正の実数の極のみが許容される．特別な場合として原点，無限遠点にも極が存在しうる．

以上の議論によって，上の条件（ii），（iii）は次のようにも言いかえられる．
（ii-a） （虚軸を含まない）右半平面内に極を持たない．虚軸上に極があ

れば，それは1位で留数は正の実数である。

(ⅲ-a) 虚軸上では，極を除いて Re $Z(j\omega) \geqq 0$。

正実関数について次の性質はあきらかである。

性質 6.1　　正実関数の和は正実関数である。

性質 6.2　　正実関数の逆数は正実関数である。

6.4 虚軸上の極

実係数有理関数 $Z(p)$ が正実関数であるとする。$Z(p)$ は虚軸上に極を持ってもよいが，それは1位で留数は正の実数でなければならない。

主部の抽出　　虚軸上に極 $j\omega_0$ があるとし，その極における $Z(p)$ の主部を

$$Z(p) \sim \frac{R}{p-j\omega_0} \quad (= Z_0(p) \text{とおく}) \tag{6.9}$$

とする。R は正の実数であり，虚軸上で Z_0 の実部は 0 である。

$$Z_1(p) = Z(p) - Z_0(p) \tag{6.10}$$

とおくと，$Z_1(p)$ は条件 (ⅱ-a)，(ⅲ-a) を満足する。

条件 (ⅰ) については次のように考える。原点と無限遠点以外の極は共役複素数 $\pm j\omega_0$ として生じ，留数が等しくなければならないことが導かれる。二つの主部をまとめて

$$\frac{R}{p-j\omega_0} + \frac{R}{p+j\omega_0} = \frac{2Rp}{p^2+\omega_0^2} \tag{6.11}$$

とし，これを $Z(p)$ から引きされば条件 (ⅰ) も満足され，残りの $Z_1(p)$ は正実関数になる。また原点あるいは無限遠点に極があれば，それぞれ単独で抽出される。つまり虚軸上の極それぞれの主部を引きさっても，残りは正実関数である。

LC 回路の抽出　　インピーダンスの場合，式 (6.11) は LC 並列回路（無限遠点，原点にある極はそれぞれ単独の L，C）で表わされる。つまり正実関数であるインピーダンスから，虚軸上の極に相当する LC 並列回路（または

単独の L, C) を引きだすと，残りは正実関数となる（図 6.4）。要するに虚軸上の極は受動性に関係のない部分であり，自然な形で分離できる。正実関数の極がすべて虚軸上にあるときには，この手続きによってすべての極を抽出することができ，あとには極を持たない正実関数（すなわち定数）が残る。

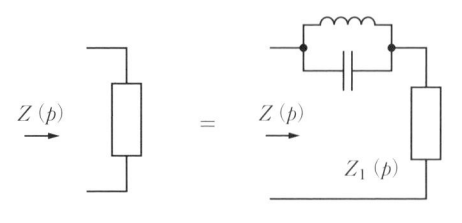

図 6.4　LC 回路の抽出

6.5　虚軸に近い極

共振現象　虚軸上に極があるとき，正弦波に対する応答の大きさ（絶対値）を周波数の関数として調べると，図 6.5 (a) のように極の位置で無限大になる。

ところで実際のシステムについて同じように応答を調べると，図 (b)

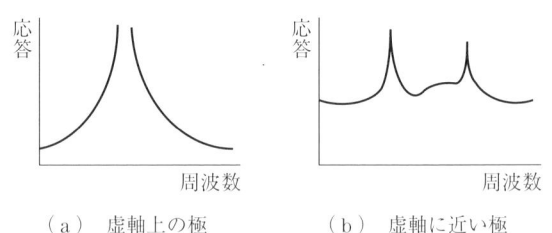

(a)　虚軸上の極　　　(b)　虚軸に近い極

図 6.5　正弦波に対する応答

のような鋭いピークがしばしば観察される（共振現象と言う）。これは虚軸にきわめて近い位置（もちろん左側）に極があることを意味する。6.4 節の説明によれば，少なくとも近似的にはこのピークの項を独立に分離してよいはずである。

共振の表現　虚軸に近い極を p_0 とし，回路関数の主部を

$$Z(p) \sim \frac{R}{p-p_0} \tag{6.12}$$

とする。R は近似的に正の実数としてよいだろう。

関数の絶対値は，虚軸上の点 p と極 p_0 の間の距離の逆数に比例し，ピーク

のようになる。図(b)の直角二等辺三角形を考えると、ピーク点 f_0 の両側の 2点 a, b において、絶対値はピーク値の $1/\sqrt{2}$ 倍になることがわかる。図(a)の点 a, b の差を $\varDelta$ とすると、$\varDelta = 2d$ である（d は極と虚軸間の距離）。

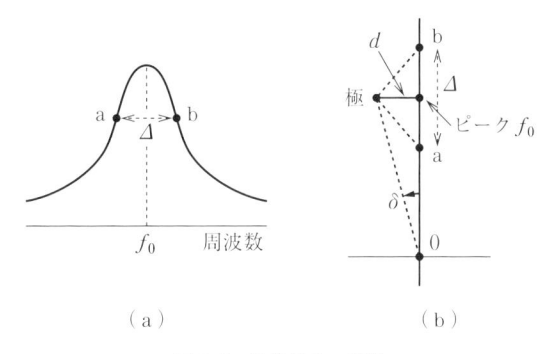

図 6.6　共振部分の構造

極がどの程度虚軸に近いかを表わすために、その位置ベクトルが虚軸となす角 δ を用いる。それはほぼ d/f_0 に等しい。いっぽう図(a)でピークの相対的な鋭さを表わすために、2点 a, b の間隔 $\varDelta$ とピーク点 f_0 の比 Q を用いる。

$$Q = f_0/\varDelta \fallingdotseq 1/(2\delta) \tag{6.13}$$

であり、極が虚軸に近いほど Q が大きく、ピークが鋭い。

問題 6.2　図 6.7 の回路につき、上の説明を確かめよ。

初心者は、下の問題を試みよ。

問題 6.3　次式が成立することを示せ。

$Q=($ 共振回路に蓄えられるエネルギーの最大値$)/($ 共振角周波数 1 rad 当りに消費されるエネルギー $)$

$$\tag{6.14}$$

図 6.7

問題 6.4　共振回路における固有振動はほとんど正弦波で、ゆっくりと減衰する。振動が始まったときから Q 個の波が経過すると、振幅はどれだけ減衰するか（目視でだいたいの Q を推定するのに利用される）。

問題 6.5　ある共振回路で、無負荷のとき Q が 100、負荷を付けて電力 1 W を取りだすと Q が 80 であった。電力 2 W を取りだすときの Q を概算せよ。

6.6　正実関数の偶関数部

半分の自由　関数論で学ぶように，閉領域内で正則な関数については境界線上の値から領域内の値が決定される．それと同じことで，正実関数は虚軸上つまり正弦波に対する値によって関数形が制約される．定性的には「右半平面内で正則な関数は，半分の自由しかない」と言われる．実は以下の性質の多くは，関数が右半平面内正則ならば成立する．それらについては安定な関数の章で論じるが，以下では正実関数として有用な性質を説明する．

実部からの復元　有理正実関数 $Z(p)$ の正弦波に対する実部から元の正実関数を決定する問題を考える．実部とは偶関数部の虚軸上の姿である．前に論じたように，正実関数が虚軸上に極を持つときには，その主部は奇関数であり，偶関数部（虚軸上の実部）に関係しない．結局問題は，虚軸上に極を持たない正実関数の偶関数部から元の関数を復元することである．

与えられた実部 $\mathrm{Re}\,Z(j\omega)$ は，ω の偶関数すなわち ω^2 の実係数関数であり，虚軸上では正値で，極を持たないことが必要である．ここで変数の変換 $\omega^2 = -p^2$ を実行すると，$\mathrm{Re}\,Z(j\omega)$ は p^2 の実係数関数である $\mathrm{Ev}\,Z(p)$ に書きなおされる．

$\mathrm{Ev}\,Z(p)$ は p の偶関数であるから，極は p 平面上で原点に関して対称な位置に現れ，複素数の極は共役複素数として現れる．ここで偶関数部の定義

$$\mathrm{Ev}\,Z(p) = \{Z(p) + Z(-p)\}/2 \tag{6.15}$$

を参照する．$\mathrm{Ev}\,Z(p)$ を極に着目して部分分数に展開し，左半平面の項を $Z(p)$ に，右半平面の項を $Z(-p)$ に割りあてる．無限遠点における正値性によって，残った定数は正値で，それを半分ずつ両者に割りあてれば目的の正実関数が決定される．

偶関数部から元の関数を復元する手続きはいろいろな問題に応用される．奇関数部からの復元問題も，虚軸上の極に対する条件を追加すれば同様に議論することができる．

6.6 正実関数の偶関数部

また，上と同じ問題を有理関数に限定しないで論じることもできる。

虚軸上に極を持たない正実関数 $Z(p)$ が与えられたとき，右半平面内の点 p に対して，図 6.8 のように虚軸と右側半円からなる周回積分を考える。半円の半径を充分大きいとして積分を計算すると，留数定理から次の2式が得られる。

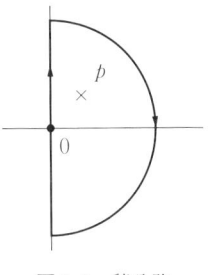

図 6.8 積分路

$$Z(p) = -\frac{1}{2\pi j}\int_{-j\infty}^{j\infty} \frac{Z(\lambda)}{\lambda - p} d\lambda + Z(\infty)/2 \quad (6.16)$$

$$0 = -\frac{1}{2\pi j}\int_{-j\infty}^{j\infty} \frac{Z(\lambda)}{\lambda + p} d\lambda + Z(\infty)/2 \quad (6.17)$$

$\lambda = j\omega$ とおいて，この2式をまとめると

$$Z(p) = \frac{2}{\pi}\int_0^\infty \frac{p\,\mathrm{Re}\,Z(j\omega)}{p^2 + \omega^2} d\omega \quad (\mathrm{Re}\,p > 0) \quad (6.18)$$

となり，虚軸上の実部から元の関数 $Z(p)$ が決定される。

面白いことに式 (6.18) は，損失を含む $Z(p)$ も無限個の LC 並列回路の直列接続として表わされることを示している。L, C を無限個含む回路に電源を接続すると，個々の素子はエネルギーを消費しないが，端子から入ったエネルギーは次々と素子の間をリレーして運びさられ，損失として観測されることになる。このように無限個の素子からなる回路では，有限個素子の場合にない現象が観察される。

(問題) 6.6 図 6.9 のように無損失素子が無限に続く回路のインピーダンスを求め，回路としては損失があることを示せ。インピーダンスを求めるときに，どのような論理が必要になるか。

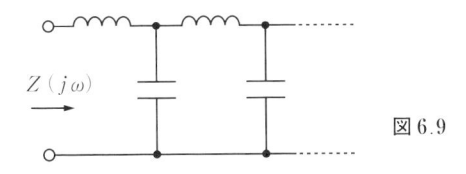

図 6.9

6.7 正実行列

受動2端子回路の条件として正実性を導いたが,これは多端子網の場合に拡張される。

4端子網の場合　　例として4端子網を考え,両側に電流源 i_1, i_2 を接続して供給されるエネルギーが負にならない条件を求める(**図6.10**)。

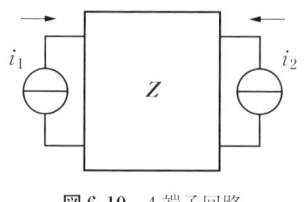

図6.10　4端子回路

2端子回路の場合には,受動性の条件として右半平面で Re $Z(p) \geq 0$ が導かれた。その自然な拡張として4端子網の場合には,インピーダンスの実部行列 [Re Z] の正値性(または半正値性)が受動条件だと理解している人がいるが,それは正しくない。

2端子回路の場合と同じように,端子電流,電圧を複素数 a_1, a_2, b_1, b_2 でそれぞれ代表させ,4端子回路が吸収するエネルギーが非負値となる条件を整理すると,Re $p > 0$ に対して次式が得られる。

$$\text{Re}\{b_1^* a_1 + b_2^* a_2\} \geq 0 \tag{6.19}$$

b_1, b_2 をインピーダンス行列 Z と a_1, a_2 で表わし,左辺の実部を共役複素数の和で置きかえると

$$\sum \{z_{kl}^* a_k a_l^* + z_{kl} a_k^* a_l\} \geq 0 \tag{6.20}$$

となる。ここで $\sum$ は,$k, l = 1, 2$ についての和である。左辺 { } 内第1項で下添字 k と l を取りかえると

$$\sum \{z_{lk}^* + z_{kl}\} a_k a_l^* \geq 0 \tag{6.21}$$

が得られる。

一般に与えられた行列 Z に対して

$$H = (Z + Z^{T*})/2 \tag{6.22}$$

を(^{T} は転置),Z のエルミート対称分と言う。式(6.21)から次の性質が得

られる。

「インピーダンス行列 Z のエルミート対称分を H とするとき，受動性の条件は Re $p > 0$ に対して $H = [h_{kl}]$ が正値（正確には非負値）行列であること，すなわち任意の複素数 a_k に対して

$$\sum h_{kl} a_k a_l^* \geqq 0 \tag{6.23}$$

となることである。」

正実行列　上の条件は，4 端子以上の多端子網にも拡張される。エルミート対称分が正値である行列をエルミート正値行列と言う。行列 Z の各要素が p.56 の正実関数の条件（i），（ii）（実関数，右半平面正則）を満足し，さらに Re $p > 0$ に対して Z がエルミート正値であると，回路は受動である。このとき Z を正実行列と言う。

一般には受動性は上のように表現されるが，システムが相反性であるときには，せっかく長い議論をしたが式 (6.22) の転置 ^{T} は不要になり，Z の実部行列の正値性が受動性に対応する。

6.8　正実関数の実現問題

システムの性質，関数の数学的表現，回路構造などは，必要充分条件など自然な形で関連づけられるべきである。例えば受動関数に対する回路は，受動素子のみによって構成すべきである。能動性を内蔵する素子を用いると表現が簡単になるかもしれないが，不安定な固有振動や解の存在問題などが隠されてしまうだろう。当面は問題がなくても，何かのおりに困ったことが起きるかもしれない。

正実関数の実現　正実性は受動システムに対する必要条件である。逆に正実関数として与えられた回路関数が，受動素子（抵抗，キャパシタ，インダクタ，相互インダクタ，変圧器，さらに非相反システムの場合にはジャイレータ）を有限個数組みあわせた回路として実現できるだろうか。この問題は，特に 2 端子インピーダンス，アドミタンスに対して古くから研究された。

変圧器の問題　インピーダンスが正実関数として与えられたとき，それを実現する2端子回路を構成できることが示された．また関数の次数に等しい数の L, C 素子（つまり最小数の素子）で実現する理論も得られた．しかしそれらの理論の中では，相互インダクタ（あるいは変圧器）が必要になった．

相互インダクタは2個（密結合の場合1個）のインダクタと変圧器で表わされる．変圧器は電圧・電流間に線形な制約を規定する（図6.11(b)）．これは導線を接続したときに電圧・電流が制約されるのと同様である（図(a)）．そのような意味で普通は変圧器を素子数にカウントしない．

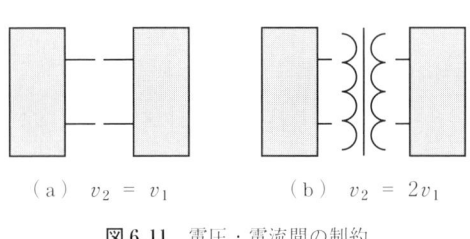

(a)　$v_2 = v_1$　　(b)　$v_2 = 2v_1$

図6.11　電圧・電流間の制約

多端子網ではあきらかに変圧器が必要である．例えばインピーダンス行列

$$Z = \begin{bmatrix} 1 & 2 \\ 2 & 5 \end{bmatrix} \tag{6.24}$$

は端子1から2へ1倍を超える電圧変換を含むから，変圧器なしでは構成できない．しかし2端子網の場合には，そのような意味での変圧器は必要ないはずだ．そこで一般的構成法が得られた後も研究が続き，やがて変圧器を使わない構成法が見出された．ところがその方法では，関数の次数よりもかなり多い数のキャパシタ，インダクタが必要になった．次にキャパシタ，インダクタの数を減らす研究が続いたが，自由度に等しい数まで減らすことはできなかった．

多端子網の問題　2端子網の実現問題に続いて，対称正実行列や非対称正実行列の多端子網による実現問題についても一般的構成法が得られた．これで正実関数と受動回路の構成法の間に完全な理論的対応関係が得られた．ここで変圧器とジャイレータは素子数としてカウントされないが，正実行列の次数に等しい数のキャパシタ，インダクタが回路を構成するのに必要充分であることが示された．

7 2種素子システム

7.1 無損失システム

　等価回路は，普通は3種類の素子（抵抗，インダクタ，キャパシタ）を用い，また必要に応じて他の種類の素子も組みあわせて構成される。いっぽう考察対象システムによっては，回路の構造や素子の種類が制約される。無損失システムや拡散システムがその代表例である。

無損失システム　　正弦波に対して定常的に電力を受けとらない受動システムを，無損失システムと言う。バネ－質点システムは，運動による空気抵抗を無視すれば無損失である。無損失システムに対する等価回路は，無損失素子（キャパシタ，インダクタ，場合によって相互インダクタ，変圧器）を用いて構成するのが自然である。

リアクタンス関数　　無損失システムのインピーダンス $Z(p)$ を考える。定義から

$$\mathrm{Re}\, Z(j\omega) = \{Z(j\omega) + Z(j\omega)^*\}/2 = 0 \qquad (7.1)$$

である（*は共役複素数）。$Z(p)$ が正則関数であっても，一般に $Z(p)^*$ は正則ではないから，上式を解析的に延長することはできない。

　しかし実係数の場合には，$Z(j\omega)^*$ の代わりに $Z(-j\omega)$ と書ける。

$$\mathrm{Re}\, Z(j\omega) = \{Z(j\omega) + Z(-j\omega)\}/2 = 0 \qquad (7.2)$$

とすれば，$Z(-p)$ は正則だから，この式を（極を除く）全平面に解析的に延長することができる（図7.1）。結果は

7. 2種素子システム

$$Z(p) + Z(-p) = 0 \quad (7.3)$$

これは $Z(-p) = -Z(p)$ すなわち $Z(p)$ が奇関数であることを意味する。そこで次の定義をする。

定義 7.1 奇関数である正実関数をリアクタンス関数と言う。

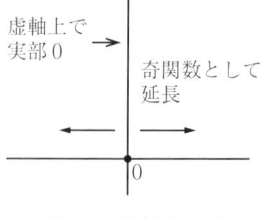

図7.1 解析的延長

次の性質はあきらかである。

性質 7.1 リアクタンス関数の逆数はリアクタンス関数である。
性質 7.2 リアクタンス関数の和はリアクタンス関数である。

無損失システムの2端子インピーダンスはリアクタンス関数になる。多端子インピーダンス行列の場合について同様の議論をすれば，対角要素がリアクタンス関数になる。非対角要素は奇関数になるが，リアクタンス関数とはかぎらない。

7.2 リアクタンス回路の構成

リアクタンス関数の極 リアクタンス関数は奇関数であるから，原点と無限遠点以外の極は原点に関して対称な位置に対をなして存在する（**図7.2**）。しかし正実関数であるから虚軸より右側に極が存在しえない。結局，極はすべて虚軸上にあり，原点に関して対称な対をなす。ただし原点と無限遠点には単独の極があってもよい。そして正実関数の性質によって，極はすべて1位，留数は正の実数でなければならない。

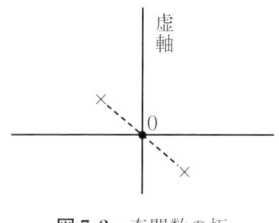

図7.2 奇関数の極

展開公式 極の主部をすべて抽出すると残るのは定数だけだが，奇関数である定数は0しかない。結局リアクタンス関数 $Z(p)$ は次のように展開される。

$$Z(p) = a_\infty p + \frac{a_0}{p} + \sum_k \frac{a_k p}{p^2 + \omega_k^2} \quad (a_\infty, a_0 \geqq 0, a_k > 0) \quad (7.4)$$

7.2 リアクタンス回路の構成

$Z(p)$ がインピーダンスであれば，図 7.3 の回路で表わされる。リアクタンス関数の逆数もリアクタンス関数である。アドミタンスで考えると直列と並列が入れかわった形の回路が得られる。

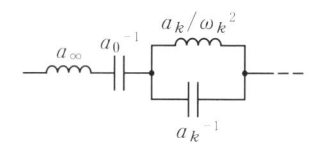

図 7.3　インピーダンスの展開

また関数の全部を一度に回路表現するのでなく，主部展開の一部を取りだしてリアクタンス回路とし，残りを逆数にして展開し，一部の項を取りだし，…，というように続けてもよい。図 7.4 の形の回路表現が得られる。ここで塗りつぶした長方形はリアクタンス回路を表わす。

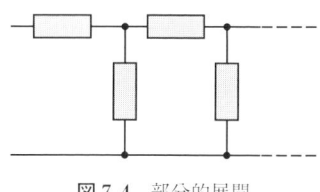

図 7.4　部分的展開

梯子形回路　特に無限遠点における極を次々と取りだすと，図 7.5 の梯子形回路が得られる。無限遠点でなく，原点における極を考えると，キャパシタとインダクタが入れかわった回路になる。前者の梯子形回路は重要である。与えられたインピーダンスから無限遠点の極（があれば）を取りだし，残りを逆数として無限遠点の極を取りだし，…，と続けていくとこの形の回路が得られる。

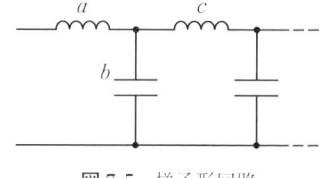

図 7.5　梯子形回路

連分数展開　上の操作は連分数展開に相当し，二つの数式の最大公約数を求めるときの互除法と同じである。分母と分子の間で割り算を繰りかえせばよい。

$$Z(p) = \cfrac{1}{ap + \cfrac{1}{bp + \cfrac{1}{cp + \cdots}}} \tag{7.5}$$

問題 7.1　次の関数がリアクタンス関数であることを確かめよ。また式 (7.5) の形に展開して梯子形回路を導け。

$$Z(p) = \frac{p^3 + 3p}{p^2 + 1} \tag{7.6}$$

与えられた関数がリアクタンス関数かどうかを判定したいときには，連分数展開を試みるとよい．もしリアクタンス関数ならば，互除法を続けると ap, bp, … というようにすべての商が p の正係数 1 次の項になるはずである．負の係数や 1 次でない項など，一つでもそうならない場合があれば，関数はリアクタンス関数ではない．バネと質点から構成される機械振動システムでは，キャパシタの一端は接地しなければならない．この梯子形回路ははじめからそうなっており，好都合である．

7.3 リアクタンス関数の性質

リアクタンス関数の表現式 (7.4) から，次の性質が容易に導かれる．

性質 7.3 リアクタンス関数 $Z(p)$ は，虚軸上で純虚数値をとる．それを $Z(j\omega) = jX(\omega)$ とおくと，次式が成立する（等号は恒等的に 0 の場合のみ成立）．

$$\frac{dX}{d\omega} \geq 0 \tag{7.7}$$

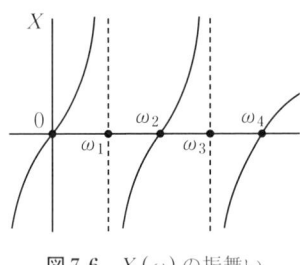

リアクタンス関数の極はすべて虚軸上にあって 1 位である．またリアクタンス関数の逆数もリアクタンス関数であるから，零点もすべて虚軸上に存在し，1 次である．式 (7.7) に示すように $X(\omega)$ は単調に増大し，零点と極は交互に並ぶ（図 7.6）．

図 7.6 $X(\omega)$ の振舞い

積型標準形 以上により，リアクタンス関数が次のような積型標準形で表わされる（c は正の定数）．

$$Z(p) = c\frac{p(p^2+\omega_2{}^2)(p^2+\omega_4{}^2)\cdots}{(p^2+\omega_1{}^2)(p^2+\omega_3{}^2)\cdots} \quad (0 \leq \omega_1 < \omega_2 < \omega_3 < \cdots)$$
(7.8)

上式では，原点が零点であるとした．原点が極である場合には，$\omega_1 = 0$ とすればよい．

問題 7.2 式 (7.8) を満足するリアクタンス関数を構成し，さまざまな形の回路構成を試みよ．

問題 7.3 式 (7.7) に似た形の一連の不等式が存在する．その一つとして次式を証明せよ．等号が成立するのはどのような場合か．またこの式の図上の意味を考えよ．

$$\frac{dX}{d\omega} \geq \left|\frac{X}{\omega}\right| \tag{7.9}$$

7.4　フルビッツ多項式とリアクタンス関数

フルビッツ多項式とリアクタンス関数　　フルビッツ多項式とリアクタンス関数の間には，次の面白い関係がある．実係数多項式 $h(p)$ が与えられたとき，それを偶関数部 $u(p)$ と奇関数部 $v(p)$ に分け，$Z(p) = v(p)/u(p)$ とおく．$u(p)$ と $v(p)$ には共通因数がないとする．このとき，「$h(p)$ がフルビッツ多項式であるための必要充分条件は，$Z(p)$ がリアクタンス関数となることである．」

もし $u(p)$ と $v(p)$ に共通因数があれば，それについて同様に零点を調べればよい．

3次式の例　　例について上の関係を説明する．検査すべき多項式を3次式

$$h(p) = p^3 + p^2 + 2p + 1 \tag{7.10}$$

とする．$Z(p)$ は次のようになる．

$$Z(p) = (p^3 + 2p)/(p^2 + 1) \tag{7.11}$$

これを $Z(p) = p(p^2 + 2)/(p^2 + 1)$ と書けば，式 (7.8) からただちにリア

クタンス関数であることがわかるが，説明のために次のように考える。$h(p)$ が虚軸上に零点 $\pm j\omega_0$ を持つときには，$u(p)$ と $v(p)$ がともに $(p^2+\omega_0^2)$ の形の共通因数を持つから，考察から除外する。

いま $h(p)$ は3次式である。p が虚軸上 $-j\infty$ から $+j\infty$ まで移動するとき，$h(p)$ の偏角の変化を調べると次式のようになる。

$h(p) = c(p-p_1)(p-p_2)(p-p_3)$ とすると

$$\arg h(p) = \arg c + \arg(p-p_1) + \arg(p-p_2) + \arg(p-p_3) \tag{7.12}$$

図7.7に示すように p が虚軸上を移動するとき，p_1 が左半平面内にあれば $\arg(p-p_1)$ は π 増加し，右半平面内にあれば π 減少する。つまり3次式 $h(p)$ の偏角が 3π 増加すれば，その零点がすべて左半平面にある（$h(p)$ がフルビッツ多項式である）ことを意味する。

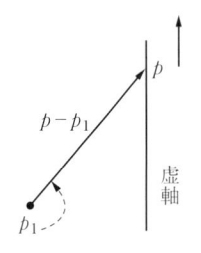

図7.7 $p-p_1$ の偏角の変化

次に $h(p)$ の偏角と $Z(p)=v(p)/u(p)$ の関係を考える。偶関数，奇関数が虚軸上でそれぞれ実数，純虚数になることを考慮して，$u(j\omega)=w(\omega)$，$v(j\omega)=jy(\omega)$ とおくと，$h(p)$ の偏角は $\tan^{-1}(y/w)$ である（図7.8）。

いっぽう $Z(j\omega)=jX(\omega)$ とおくと，$X(\omega)=y(\omega)/w(\omega)$ である。結局

$$\begin{aligned}\arg h(j\omega) &= \tan^{-1}\{y(\omega)/w(\omega)\} \\ &= \tan^{-1}\{X(\omega)\}\end{aligned} \tag{7.13}$$

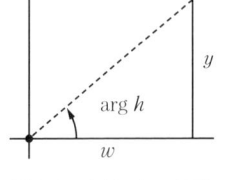

図7.8 $h(j\omega)$ の偏角

である。

$Z(p)=v(p)/u(p)$ だから $u(p)$ の零点は $X(\omega)$ の極，$v(p)$ の零点は $X(\omega)$ の零点になる。いまの場合 $u(p)$ は2次式，$v(p)$ は3次式である。$Z(p)$ がリアクタンス関数であれば，$X(\omega)$ は図7.9のように変化し，$-\infty$ から $+\infty$ まで3回変化する。これを式(7.13)から $\tan^{-1}$ によって換算すれば，

$h(p)$ の偏角にして 3π の増加に相当し，$h(p)$ がフルビッツ多項式であることを意味する．以上は例についての説明であるが，一般の多項式に対して適用できる．

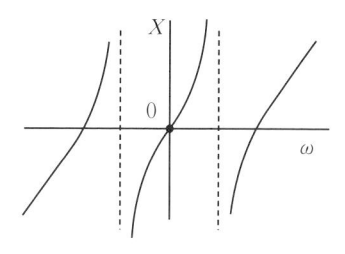

結局，$h(p)$ がフルビッツ多項式であることが，その虚軸上での偏角の変化すなわち $X(\omega)$ の変化を仲介として，$Z(p)$ がリアクタンス関数であることと結びつく．$Z(p)$ がリアクタンス関数であるかどうかを調べるには，式 (7.5) の連分数展開を試みるのが最も簡単である．

図 7.9　$X(\omega)$ の振舞い

7.5　抵抗終端リアクタンス回路

伝達特性　エネルギーを消費しないという性質に基づいて，無損失回路を通した伝達特性を論じることができる．図 7.10 のようにリアクタンス 4 端子網の (1) 側に電流源 i_0 を接続し，(2) 側を抵抗 r で終端して，(1) 側から (2) 側への伝達関数 v_2/i_0（あるいはその絶対値）が問題であるとする．

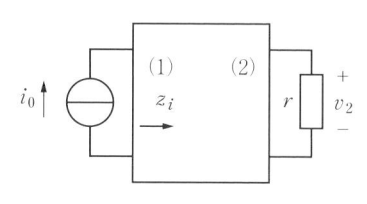

図 7.10　リアクタンス 4 端子網

正弦波に対してリアクタンス 4 端子網は電力を消費しないから，(1) 側から供給される電力はすべて (2) 側で消費される．すなわち

$$(\mathrm{Re}\, z_i)|i_0|^2 = |v_2|^2/r \tag{7.14}$$

$$|v_2/i_0|^2 = r(\mathrm{Re}\, z_i) \tag{7.15}$$

である．ここで z_i は，(2) 側を抵抗終端した状態で (1) 側から見たインピーダンスである．つまり伝達関数の絶対値（振幅特性）が問題であれば，それを $\mathrm{Re}\, z_i$ によって表現し，リアクタンス 4 端子網を構成することになる．

$\mathrm{Re}\, z_i$ を偶関数部に書きなおしたとき，それが 6 章で説明した正実関数偶関

数部として必要な条件を満たせば，正実関数 z_i が導かれる。その z_i を抵抗終端リアクタンス4端子網として実現しなければならないが，それが可能なことが示されている。

7.6 リアクタンス回路と伝送零点

入力インピーダンス 受動2端子 z_2 で終端されたリアクタンス4端子網を考える（**図 7.11**）。このとき

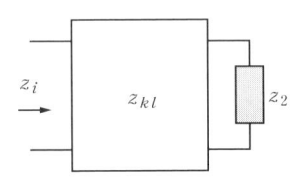

$$z_i = z_{11} - \frac{z_{12} z_{21}}{z_{22} + z_2} \qquad (7.16)$$

である。リアクタンス4端子網において z_{kl} がすべて奇関数であることに注意して，z_i の偶関数部 $\mathrm{Ev}\, z_i$ を計算すると

図 7.11 入力インピーダンス

$$\mathrm{Ev}\, z_i = \frac{z_{12} z_{21}}{(z_{22} + z_2)(-z_{22} + z_{2*})} \mathrm{Ev}\, z_2 \qquad (7.17)$$

となる。下つきの $*$ は，関数において独立変数の符号を変える操作を意味する（$f_*(p) = f(-p)$ である）。

z_i の偶関数部 $\mathrm{Ev}\, z_i$ は，正弦波に対する電力消費を表わす抵抗分（虚軸上での実部 $\mathrm{Re}\, z_i$）を全平面に拡張したものである。式 (7.17) の直観的な意味は，ある p において回路の (1) 側が電力を要求しないときには，それは (2) 側の負荷 z_2 が電力を要求しないか，あるいは中間のリアクタンス4端子網が電力を遮断することを意味する（**図 7.12**）。

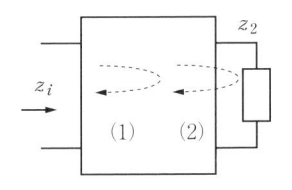

図 7.12 電力が要らないのは

零点の抽出 与えられた偶関数部 $\mathrm{Ev}\, z_i$ がいくつかの零点を持つとする。このとき図 7.11 のように z_i を z_2 終端のリアクタンス4端子網として実現し，しかも $\mathrm{Ev}\, z_i$ の零点の一つを z_{21} に受けもたせたとする。このとき $\mathrm{Ev}\, z_2$ は $\mathrm{Ev}\, z_1$ の零点の大部分を引きつぐが，一つの零点

（あるいは1組の複素零点）だけを z_{21} に割りあてたことになる（丁寧に考えると右辺での約分の問題があるが）。この操作により，Ev z_2 は Ev z_1 の零点を一つだけ引きはがして問題を簡単化する。これを続けていくと，遂には偶関数部に零点を持たない Ev z_2 に到達し，z_2 は定数になる。このような考えに基づいた回路構成論が完成されている。

低域通過形の場合　以上の考え方を梯子形回路に応用すると役に立つ。この形の回路では，直列枝のインピーダンスが ∞ になるか並列枝のインピーダンスが 0 にならなければ，伝送を阻止できない。特に伝達特性が低域通過形ですべての伝送零点が無限遠点にあるときには，**図 7.13** の梯子形回路で実現される。はじめからこの形の回路になることを知っていれば，z_i を求めてそれを梯子形に展開すればよい。残った抵抗が予定された終端抵抗と違うときには変圧器が必要になるが，z_i の直流値から終端抵抗の値を知ることができる。梯子形回路は，機械振動システムの伝達特性を考えるときに役に立つ。

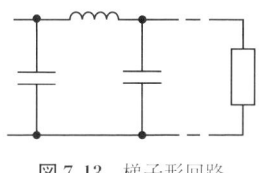

図 7.13　梯子形回路

7.7　RC 回路網と共通帰線

熱・物質システム　システムの種類によって等価回路の素子や構造が限定される。熱・物質の拡散システムでは，熱・物質が温度差や密度差に応じて移動し，どこかに蓄積されるとその場所での温度・密度を高める。移動は抵抗で，蓄積はキャパシタで表わされ，RC 回路が得られる（**図 7.14**）。

熱・物質システムの場合には，等価回路の構造にも制約がある。キャパシタは一端が接地されなければならない。熱・物質の移動システムには変圧器が存在しない。また温度・密度はある一定基準値から測定されるから，多端子回路網では端子対の一方は零電位になければならない（**図 7.15**，共通帰線と言う）。

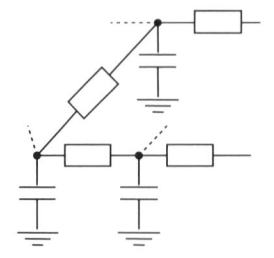

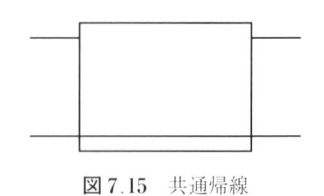

図7.14 拡散システムの等価回路

図7.15 共通帰線

7.8 RC回路網の基本的性質

RC回路 RC回路, RL回路は, LC回路と同じように考えることができ, LC回路に似た数学的性質を持つ. 以下ではRC回路を論じる. 与えられたRC回路に対して, 抵抗をそれぞれ同じ値を持つインダクタに置きかえてLC回路を作る. 二つの回路について閉路方程式を作ると

RC回路では
$$(r_{11}+1/pc_{11})i_1 + (r_{12}+1/pc_{12})i_2 + \cdots = v_1 \tag{7.18}$$
$$\vdots$$

LC回路では
$$(pl_{11}+1/pc_{11})i_1 + (pl_{12}+1/pc_{12})i_2 + \cdots = v_2 \tag{7.19}$$
$$\vdots$$

式(7.19)の両辺をpで割る. 電圧v_2/pをv_1で置きかえ, p^2をpで置きかえると式(7.18)が得られる. この手続きによって, リアクタンス回路の性質がRC回路の性質に翻訳される. 例えばリアクタンス関数の積型標準形, 式(7.8)は次のように書ける (cは正の定数).

$$Z(p) = c\frac{(p+\sigma_2)(p+\sigma_4)\cdots}{(p+\sigma_1)(p+\sigma_3)\cdots} \quad (0 \leq \sigma_1 < \sigma_2 < \sigma_3 < \cdots) \tag{7.20}$$

連分数展開や回路表現などもそのまま翻訳される.

式 (7.20) から次の性質が知れる。

性質 7.4　RC 2 端子網のインピーダンスは無限遠点に極を持たない。零点と極は（原点を含む）負実軸上にあり 1 次, 1 位で, 極から始まって交互に並ぶ。

LC 回路から RC 回路への変換手順を考えると, アドミタンスでは上の条件が次のように変更される。

性質 7.5　RC 2 端子網のアドミタンスは無限遠点に極を持ちうる。零点と極は（原点を含む）負実軸上にあり 1 次, 1 位で, 零点から始まって交互に並ぶ。

LC 回路とは異なり, RC 回路ではインピーダンスとアドミタンスの性質が少し違う。

7.9　RC 伝達関数の性質

熱伝達や物質移動のシステムは RC 回路で表わされ, 伝達特性が問題になる。この種のシステムでは終端インピーダンスは接続されず, 熱・物質の供給源の温度・密度は一定に保たれるのが普通である。したがって図 7.16 の等価回路が用いられる。

電圧伝達関数　この場合には Y 行列で電圧伝達関数 T を表わす。$i_2 = 0$ とおくと

$$T = \frac{v_2}{v_1} = -\frac{y_{21}}{y_{22}} \tag{7.21}$$

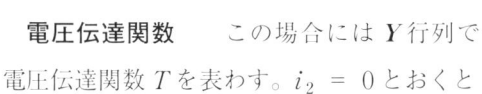

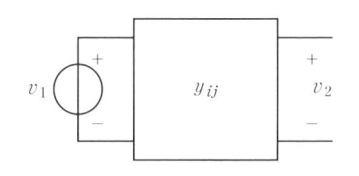

図 7.16　終端開放 4 端子網

である。4 端子網の性質として y_{21} の極は y_{22} の極になるから, 伝達関数 T の極は（約分がなければ）y_{22} の零点である。したがって次の条件が必要である。

（ⅰ）伝達関数は無限遠点に極を持たない。

76   7. 2種素子システム

（ⅱ）伝達関数の極はすべて（原点を含まない）負実軸上にあり，1位である（約分があっても条件は変わらない）．

上の条件を満たす伝達関数 T が与えられたときには，T を実現する y_{22} と y_{21} を決定しながら以下のように回路を構成する．

低域通過形　まず T が低域通過形で分子が定数の場合を考える．例えば

$$T = \frac{3}{p^2+4p+3} = \frac{3}{(p+1)(p+3)} \tag{7.22}$$

が指定されたとする．

RC 2端子網の実現条件を考慮して，y_{22} を次のように設定する．

$$y_{22} = \frac{(p+1)(p+3)}{p+2} \tag{7.23}$$

この y_{22} を，直列枝が抵抗，並列枝がキャパシタンスである梯子形回路として構成する（図 7.17）．次に左端の短絡を開いて電圧源 v_1 を挿入する（図 7.18）と，式 (7.22) の T が実現される．

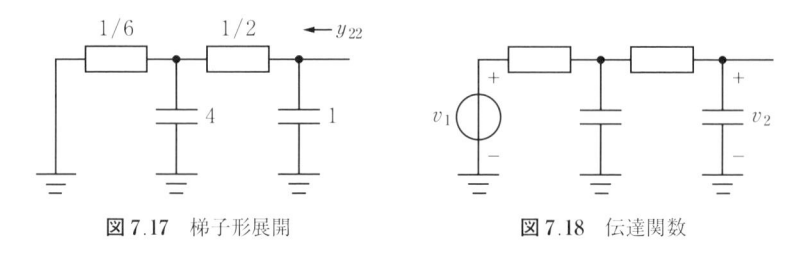

図 7.17　梯子形展開　　　　図 7.18　伝達関数

なぜなら T の分母は確かに実現されているし，無限遠点における T の零点の次数を考えれば，キャパシタ並列枝が二つあるから T の分子は定数である．直流では $T = 1$ となるから，分母と分子の定数は等しい．以上により，y_{21} について確かめるまでもなく，式 (7.22) の T が実現されている．

7.10　梯子形回路の拡張

低域通過形の拡張　前節の構成法は，T の分子が p のべき（p^k，k は分母の次数を超えない正整数）である場合にも適用できる．それには直列枝に

適当数のキャパシタを用い，対応する個数の抵抗を並列枝に用いればよい。

T の分子が p の正係数 m 次多項式であるときにも，似た方法が使える。

$$T = \frac{\sum a_k p^k}{f(p)} \quad (a_k > 0) \tag{7.24}$$

が与えられたとする。ここで $f(p)$ は正係数 1 次因数の積からなる m 次以上の多項式である。式 (7.23) と同じように，y_{22} が RC 2 端子回路として実現できるように多項式 $h(p)$ を決め

$$y_{22} = \frac{f(p)}{h(p)} \tag{7.25}$$

と仮におく。y_{22} を，T の分子の p のべきに合わせて適当数のキャパシタ直列枝を持つ（最大）m 通りの梯子形回路で構成する。

各回路の最後の短絡を開いてそれぞれを 4 端子網とすると

$$y_{21} = -\frac{b_k p^k}{h(p)} \tag{7.26}$$

の形になる。b_k は正値である。一般に a_k と b_k は一致しないが，それぞれの 4 端子網で素子値を定数倍すれば一致させることができる。この際，各回路の y_{22} にも定数倍の変化があるが，関数形には変わりがない。

並列接続　それら 4 端子網をすべて並列に接続する（**図 7.19**）。y_{22} と y_{21} がそれぞれ加えあわされ，y_{22} は式 (7.25) と同じ関数形，y_{21} は式 (7.24) の分子と同じ関数形になる。結局，定数倍の差異を問わないことにすれば，分子が正係数多項式の伝達関数 T は共通帰線の回路によって実現される。

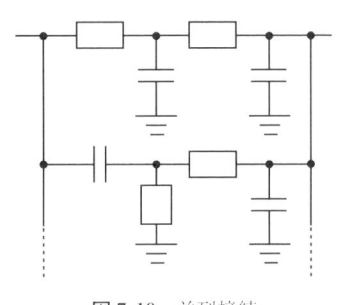

図 7.19　並列接続

7.11　変圧器なし共通帰線の問題

正係数定理　次の定理が知られている。

定理 7.1 実係数多項式 $f(p)$ が，$p =$ 正実数 に対して常に正値を保つならば，$f(p)$ に適当な正係数1次因数を乗じて正係数多項式とすることができる。

この定理により，与えられた伝達関数の分子が p の正実軸上で正値であれば，分母・分子に適当な正係数1次因数を乗じて分子を正係数にし，前節の方法によって実現される。

変圧器なし共通帰線回路　この性質は変圧器なし共通帰線の回路の議論に結びつく。$p =$ 正実数 とおくと R も $1/pC$ も正の実数になり，RC 回路は正抵抗だけで構成される。いま図 7.20 のように正抵抗だけからなる共通帰線回路を考えると，電圧比はつねに正値（または恒等的に 0）であり，1 を超えない。この性質は証明するまでもなくあきらかだろう。

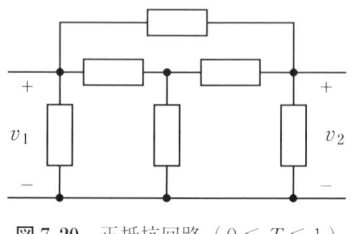

図 7.20　正抵抗回路（$0 \leq T \leq 1$）

定理 7.2　変圧器なし共通帰線の RC 回路では，$p =$ 正実数 に対して電圧伝達関数 T は次の範囲にある。

$$0 \leq T \leq 1 \quad (\text{等号は成立すれば恒等的}) \tag{7.27}$$

ここまでの議論によって，この範囲にある電圧伝達関数 T は定数倍の差異を許せば実現される。その後の研究によって，定数倍を許さなくても実現できることが示された。さらにその方法は R, L, C からなる変圧器なし共通帰線の回路に拡張され，式 (7.27) の下で実現できることが示された。

8 波動の概念

8.1 入射波・反射波

s 関数（反射係数，S 行列）は，元々は線路上の波動の概念に基づくものである。特性インピーダンス z_0 の線路上での電圧・電流は，次のように表わされる。

$$v = ae^{-\gamma x} + be^{\gamma x} \tag{8.1}$$

$$i = \frac{1}{z_0}(ae^{-\gamma x} - be^{\gamma x}) \tag{8.2}$$

入射波と反射波 上式の第 1 項は x の正方向へ進む波，第 2 項は x の負方向に進む波を表わしている。γ は伝搬定数，z_0 は特性インピーダンスである。波の概念を離れて議論をするときには，z_0 を基準定数と呼ぶ。

いま現象を $x = 0$ の地点で観測すると

$$v = a + b \tag{8.3}$$

$$i = (a - b)/z_0 \tag{8.4}$$

となり，逆に解くと以下のようになる。

$$a = (v + z_0 i)/2 \tag{8.5}$$

$$b = (v - z_0 i)/2 \tag{8.6}$$

つまり電圧・電流の代わりに a, b を用いて回路の状態を表わしてもよい。a を入射波，b を反射波と呼ぶ（図 8.1）。

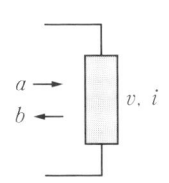

図 8.1 入射波と反射波

8. 波動の概念

波のイメージに戻れば，回路に波 a が入射し，波 b が反射されると考える（波には方向があるが，線路の長さは考えなくてよい）。

電力の表現　a, b が波として明確な意味を持つためには，独立にエネルギーを運んでほしい。正弦波に対して回路に流入する電力を，式 (8.3)，式 (8.4) から計算すると

$$\mathrm{Re}(v^*i) = \mathrm{Re}\left[\{(|a|^2-|b|^2)+(ab^*-a^*b)\}/z_0\right] \tag{8.7}$$

となる。z_0 が実数なら { } 内第2項は純虚数になり，二つの波が独立に電力を運ぶ表現が得られる。しかし z_0 が複素数だと第2項は純虚数にならないから，それぞれの波が運ぶエネルギーが自分の電圧・電流だけでは決まらない。これでは物理的なイメージとしてすっきりしない。

8.2 定義の変更

入射波，反射波の変更　式 (8.7) がすっきりしないのは分母に z_0 が残るためである。少しだけ定義を修正したい。ついでに式 (8.3)，(8.4) では a, b は電圧の次元だが，電圧・電流のどちらにも偏らない次元に変更したほうがよさそうである。

そこで式 (8.5)，式 (8.6) の定義を次のように変更する。

$$a = (v+z_0 i)/2\sqrt{\mathrm{Re}\,z_0} \tag{8.8}$$

$$b = (v-z_0^* i)/2\sqrt{\mathrm{Re}\,z_0} \tag{8.9}$$

ここで基準定数 z_0 は $\mathrm{Re}\,z_0 > 0$ を満たす複素数定数で，$\sqrt{\mathrm{Re}\,z_0}$ としては二つの平方根のうちで正のものを選ぶ。式 (8.8)，式 (8.9) から v, i を求めて電力を計算すると

$$\mathrm{Re}(v^*i) = |a|^2 - |b|^2 \tag{8.10}$$

となり，二つの波が独立にエネルギーを運ぶ形式になる。

問題 8.1　式 (8.10) の導出を実行せよ。

共役複素数の意味　式 (8.9) の分子には z_0 でなく z_0 の共役複素数 z_0^* が現れるが，それは次のように解釈される。図 8.2 の電圧源と内部インピーダンス z_S が与えられたときに，負荷 z_L が受けとる電力を最大にしようとすると，それは z_L が z_S^* に等しいときである。つまり最大電力を提供することが反射波 0 の状態に対応すると考えられる。

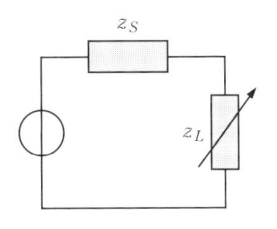

図 8.2　吸収電力を最大に

ここまでは z_0 が複素定数であるとしたが，z_0 が虚軸上で実部が 0 にならない正実関数であっても，同じように議論をすれば入射波，反射波を定義できる。また多端子網については，基準定数を複数の端子対にわたる行列に拡張することもできる。

8.3　s 関　数

z_0 を複素数として定義を導いたが，以下では簡単のために z_0 を正の実数 r だとする。得られた結果は，z_0 が複素数や正実関数の場合に拡張できる。

有界実関数　入射波・反射波の比として s 関数（反射係数）が定義される。

$$s = \frac{b}{a} \tag{8.11}$$

2 端子回路がインピーダンス z を持てば，s 関数と次の関係になる。

$$s = \frac{z-r}{z+r} \tag{8.12}$$

$r > 0$ は基準定数である。式 (8.12) は z と s を直接対応づける。この関係に基づいて，正実関数に対応する受動 s 関数が定義される。

定義 8.1　次の性質を持つ関数 $s(p)$ を有界実関数と言う。

（ⅰ）$p =$ 実数 のとき $s =$ 実数
（ⅱ）$\mathrm{Re}\, p \geqq 0$ で正則　　　　　　　　　　(8.13)
（ⅲ）$\mathrm{Re}\, p \geqq 0$ で $|s| \leqq 1$

$z(p)$ が正実関数であるとき，式 (8.12) で定義される関数 $s(p)$ は有界実関数である．有理関数の範囲であれば，条件 (iii) は条件 (ii) をカバーする．また有界実関数である $s(p)$ から次式によってインピーダンス $Z(p)$ あるいはアドミタンス $Y(p)$ を導くと，それは正実関数であり，受動 2 端子回路として実現される．

$$\left. \begin{array}{l} Z(p) = r\dfrac{1+s}{1-s} \\ Y(p) = \dfrac{1}{r}\dfrac{1-s}{1+s} \end{array} \right\} \tag{8.14}$$

有界実関数は正実関数とほとんど同じ内容であり，改めて定義する必要がないように見える．しかし条件 (ii) が等号を含み，閉領域上での条件になることは意味が大きい．

有理関数であれば，条件 (ii) の下で条件 (iii) は次のようにも書ける．

(iii-a)　虚軸上で $|s(j\omega)| \leqq 1$

正実関数の場合と異なり，虚軸上の極についての条件は必要ない．

次の性質はあきらかである．

性質 8.1　無損失回路の場合，虚軸上で $|s(j\omega)| = 1$ である．

性質 8.2　二つの有界実関数の積は，有界実関数である．

正実関数は虚軸上の実部（あるいは偶関数部）から再現できる．それと同じく，虚軸上の絶対値 2 乗が ω^2 の実係数有理関数で 1 を超えなければ，有界実関数を再現できる．

8.4　S 行列への拡張

多端子網への拡張　式 (8.8)，(8.9) は，そのまま多端子網に拡張される．各端子対において正の実数の基準定数を任意に設定して入射波・反射波を定義すれば，二つの波の関係として S 行列が定義される．各端子対を出入りする電力も，2 端子回路の場合と同様に計算される．

8.5 伝達関数の構成

与えられた回路から入射波・反射波の関係を求め

$$\left.\begin{array}{l} b_1 = s_{11}a_1 + s_{12}a_2 + \cdots \\ b_2 = s_{21}a_1 + s_{22}a_2 + \cdots \\ \quad\vdots \end{array}\right\} \tag{8.15}$$

としたとき，この行列 $S = [s_{kl}]$ を，この多端子網の S 行列と言う．回路が相反であれば，$s_{kl} = s_{lk}$ が成立する．

受動性の表現　端子対の入射波，反射波をそれぞれ列ベクトル a, b で表わし，回路が各端子対から受けとる電力を合計すると

$$\begin{aligned} P &= \sum (|a_k|^2 - |b_k|^2) = a^{T*}a - b^{T*}b \\ &= a^{T*}(1 - S^{T*}S)a \end{aligned} \tag{8.16}$$

ここで 1 は単位行列である．式 (8.16) がどのような a に対しても正（正確には非負）であること，つまり $1 - S^{T*}S$ が正値エルミート行列であることが，受動性を表わす．特に回路が無損失であれば，虚軸上で

$$S^{T*}S = 1 \qquad (S^{T*} = S^{-1}) \tag{8.17}$$

となる．式 (8.17) を満足する S をユニタリ行列という．

有界実行列　要素が有界実関数の条件（ⅰ），（ⅱ）を満足し，正値エルミート条件を満足する行列を有界実行列と言う．有界実行列の要素はすべて有界実関数である．有界実行列である S 行列からインピーダンス行列あるいはアドミタンス行列を導くと，それは正実行列であり，受動多端子回路として実現される．

8.5　伝達関数の構成

抵抗終端伝達関数　図 8.3 のように多端子網を抵抗終端した状態で伝達関数を考えるときに，S 行列が役に立つ．電源側，負荷側での終端抵抗 r_1, r_2 が指定されているとする．

4 端子網の基準定数として終端抵抗 r_1, r_2 の値を選び，S 行列を構成する．

84   8. 波動の概念

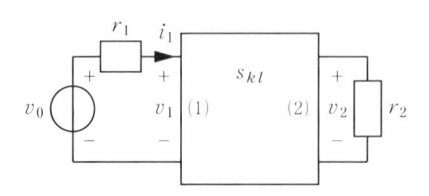

図8.3 抵抗終端伝達関数

入射波，反射波の定義から(2)側では

$$a_2 = 0,$$
$$b_2 = v_2/\sqrt{r_2} = s_{21}a_1 \tag{8.18}$$

いっぽう(1)側では

$$b_1 = s_{11}a_1, \quad v_0 = v_1 + r_1 i_1 = 2a_1\sqrt{r_1} \tag{8.19}$$

となる。

s_{21}の意味　結局，電圧伝達関数は

$$\frac{v_2}{v_0} = s_{21}\sqrt{\frac{r_2}{4r_1}} \tag{8.20}$$

である。(1)側の電源から引きだせる最大電力が $|v_0|^2/(4r_1)$ であり，(2)側で消費する電力が $|v_2|^2/r_2$ であるから，s_{21} は(1)側電源の最大電力を r_2 に与えた状態を基準として，電圧伝達関数（位相まで含めて）を表わしていることがわかる。

なお電源側から引きだせる最大電力（有能電力）を P_0 と書くと，4端子網が(1)側から受けとる電力は $(1-|s_{11}|^2)P_0$，(2)側に渡す電力は $|s_{21}|^2 P_0$ となる。このことは，図8.4のように解釈される。電源はいったん自

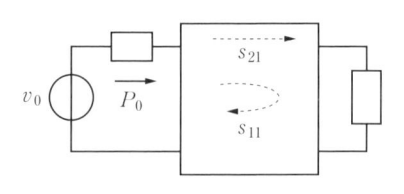

図8.4 電力の流れ

分の最大電力 P_0 を4端子網に与えるが，4端子網は s_{11} に相当する電力を電源に返し，s_{21} に相当する電力を負荷に与える。このように S 行列を用いると，電圧，電力の伝達がわかりやすく表現される。

8.6　伝達関数の実現可能性

伝達関数の実現　終端抵抗が指定され伝達関数が与えられると，s_{21} が決

定されたことになる。当然 s_{21} は右半平面で正則，絶対値が1を超えないことが必要であり，要するに有界実関数でなければならない。

有界実関数である s_{21} が与えられたとき，これに適当な s_{11}, s_{22} を組みあわせて有界実行列である S 行列を構成できれば，（インピーダンス行列を経由するなどの方法で）受動4端子網が実現できる。S 行列構成の議論は少し複雑になるが，相反性の範囲内で S 行列を構成できることが示される。つまり任意の有界実関数である s_{21} は，抵抗終端受動相反4端子網の伝達関数として実現される。

無損失の場合 上の実現問題で4端子網に無損失という条件を課してみる。定性的に無損失条件は信号伝送に有利なはずだから，与えられた s_{21} がいっそう容易に実現できそうに思われる。しかし実はユニタリ条件が制約になって，実現できる伝達特性が制限される。このことは次のように示される。簡単のために相反性の場合について考察する。

実係数関数の場合には，$f^*(j\omega) = f(-j\omega)$ としてよく，これを全平面に延長して $f^*(p)$ の代わりに $f(-p) = f_*(p)$ と書くことができる。この記法によって虚軸上でのユニタリ性が次のように全平面上で表現される。

$$\left.\begin{array}{l} s_{11}s_{11*} + s_{12}s_{12*} = 1 \\ s_{11}s_{21*} + s_{12}s_{22*} = 0 \\ s_{21}s_{11*} + s_{22}s_{12*} = 0 \\ s_{21}s_{21*} + s_{22}s_{22*} = 1 \end{array}\right\} \quad (8.21)$$

以下では s_{12} を s_{21} で代表させる。$f_{**}(p) = f(p)$ だから第2，第3式は同じことになり，一つは不要である。

s_{21} が有界実有理関数として与えられると，第1式から有界実関数である s_{11} が定められる。すると第3式から

$$s_{22} = -\frac{s_{21}}{s_{21*}} s_{11*} \quad (8.22)$$

となる。s_{22} の絶対値が虚軸上で1を超えないことはあきらかだが，右半平面で正則かどうかは検討を要する。ところで S 行列の行列式を計算すると

86　8. 波動の概念

$$\det S = s_{11}s_{22} - s_{21}^2 = -\frac{s_{21}}{s_{21*}} \tag{8.23}$$

となる。各 s_{kl} が右半平面正則だから上式も右半平面正則でなければならない。これは必要条件である。式 (8.22) の右辺で残るのは s_{11*} であるが，s_{11} を第 1 式から導出するときに余分な因数を付けくわえなければ，s_{11} と s_{21} は左半平面の極を共有するはずだから s_{11*} が s_{22} の右半平面正則性を脅かすことはない。

そして式 (8.22) によって決定した s_{22} を式 (8.21) の第 4 式に代入すると，自動的に成立する。結局，次の性質が得られた。

「与えられた s_{21} が相反リアクタンス 4 端子網の伝達関数として実現されるための必要充分条件は，それが有界実関数であり，s_{21}/s_{21*} が右半平面正則なことである。」

8.7　システムの表現可能性

閉じた表現　　与えられたシステムあるいは等価回路は，Z, S などさまざまな種類の回路関数によって表現できる。しかしある表現が適用可能ないくつかの回路を接続していくうちに，その表現が適用できなくなるかもしれない。つまりその表現可能性が閉じた性質であるかどうかが問題である。

例えばインピーダンスあるいはアドミタンスの存在を前提とすれば，正実関数の範囲で議論が展開される。しかし素子を接続していくと，インピーダンスあるいはアドミタンスによる表現が不可能になるかもしれない（図 8.5（a））。また負抵抗を接続した途端に短絡状態になってアドミタンスによる表現が使えなくなるかもしれない（図 (b)）。つまりインピーダンス

（a）実は切れている　　（b）途端に短絡状態
図 8.5　閉じてない場合

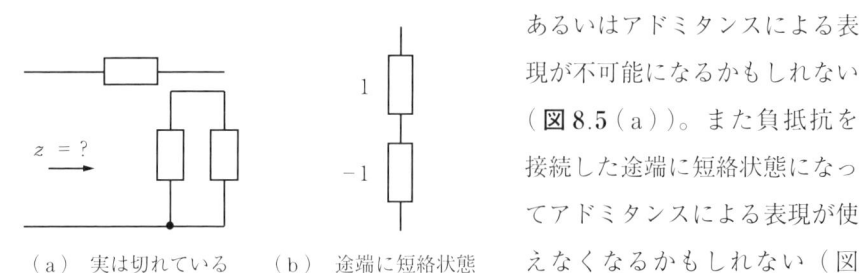

あるいはアドミタンスによる表現は，接続しだいで使えなくなる恐れがあり，閉じた性質と言えない。

　s 関数を用いることにすれば開放でも短絡でも表現が可能だから，上のよう問題はなさそうである。しかし後で論じるが，能動回路の中には s 関数による表現が不可能な素子もある。一般に閉じた性質を持つ表現形式を見出すのは困難だが，受動回路に限定すれば，次の定理が成立する。

定理 8.1　　s 関数あるいは S 行列で表現される受動素子・回路を有限個どのように接続しても，得られた回路は s 関数あるいは S 行列で表現できる。

　証明はやや複雑であるが，受動性，有限個という制約の下で s 関数，S 行列による表現は閉じた性質になる。ここまでで考えた受動素子，R，L，C，相互インダクタ，変圧器，ジャイレータなどは，すべて s 関数，S 行列によって表現されるから，それらの有限個によって構成されるシステムも，s 関数，S 行列によって表現される。逆に後の章で論じるが，s 関数によって表現できない受動素子，例えばヌレータ（電圧・電流とも 0 の素子）は，上のような s 関数によって表現できる受動素子をどのように組みあわせても実現できない。

9 能動システム

9.1 能動性の概念

能動性の必要 実際の応用ではしばしば能動性が必要になる。図 9.1（a）はセンサの等価回路で，電圧源 v_i と内部抵抗 r_i から構成されている。ここからは電力（有能電力）$|v_i|^2/(4r_i)$ を取りだすことができるのだが，普通はセンサの発生電圧が小さいから僅かな電力しか取りだせない。

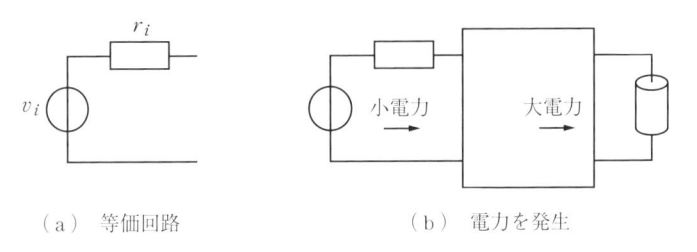

　（a）等価回路　　　　　（b）電力を発生

図 9.1　能動性が必要になる

センサからの信号を利用してリレーなどの電力機器を動作させようとすると（図（b）），電力が足りないから中間の 4 端子網から電力を発生させることが必要になる。それが能動性である。

発電機もストーブもエネルギーを発生するが，相手にかまわずに自分の決めたエネルギーを発生する。そうではなく，受けとった信号に応じてエネルギーを発生する性質が能動性である。

9.2 エネルギー発生の原理

能動素子を実現するにはさまざまな方法がある。それらがすべてだと証明できるわけではないが，能動性の基本原理は以下の三つである。

(a) 負 抵 抗

負の抵抗があれば，消費電力が負になるから能動素子である。しかし電圧・電流特性が**図9.2**(a)のような素子は存在しない。実現できるのは図9.2(b)のように一部が右下りの特性である。この特性を

$$i = f(v) \quad (9.1)$$

とする。

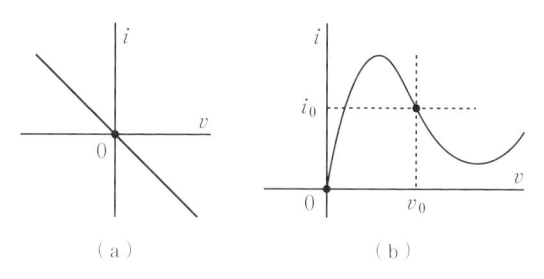

図9.2 負抵抗特性

右下りの部分に動作バイアス点 (v_0, i_0) を設定し，その近くで動作をさせる。バイアス点からの変化分を $(\delta v, \delta i)$ とすると

$$i_0 = f(v_0) \tag{9.2}$$
$$i_0 + \delta i = f(v_0 + \delta v) \tag{9.3}$$

である。式 (9.3) の右辺を展開して δv の1次項のみを残し，式 (9.2) を用いると

$$\delta i = f'(v_0) \delta v \tag{9.4}$$

ここで「′」は微分を示す。上式は変化分について負の比例定数 $f'(v_0)$ による比例関係を示しており，負抵抗が実現されている。

(b) 弁 素 子

車の流れを交通信号によって制御するように，エネルギーを持つ物質の流れを別の機構によって制御する。**図9.3**のように流れと直交する方向に弁を入

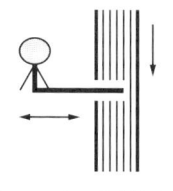

図9.3 流れを制御する

れ，流れに強弱変化を与える．弁は流れと直交方向に動くから，動かすのにエネルギーを必要としない．

たとえば1秒周期で弁を出し入れすると，下流に同じ周期の強弱が伝わり，1秒周期の交流エネルギーが発生したことになる．トランジスタなど多くの電子素子はこの種類の能動素子である．また1章で定義した制御電源は，弁素子の表現である．

(c) パラメータ励振

独りでブランコに乗っても振ることができる．ブランコに人が乗っているだけで外部からはエネルギーが供給されないが，乗っている人はブランコの振れに同期して体を動かしている．振動システムとしては，体を上下することによって回転モーメントが変化している．

ブランコではわかりにくいので，キャパシタとインダクタからなる図9.4の無損失共振回路を考える．この回路では，初期条件から出発すると正弦波の振動が続く（図9.5(a)）．

いま外部の人間がキャパシタの電圧 v_C を観測し，電圧が正または負のピークに達した瞬間に極板を引きはなしてキャパシタンスを減らし，電圧が

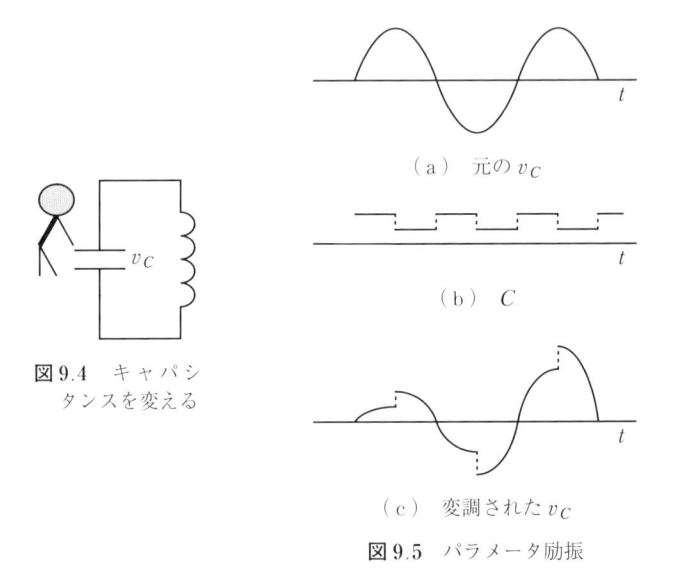

図9.4 キャパシタンスを変える

(a) 元の v_C

(b) C

(c) 変調された v_C

図9.5 パラメータ励振

0 になった瞬間に極板を元の位置に戻すという動作を続ける（図(b)）。つまりキャパシタンスは，共振の1周期の間に2回の割合（2倍の周波数）で増減する。

電圧のピーク点でキャパシタンスが減少すると電荷は瞬間には変化しないから，電圧（の絶対値）が増加する（$q = Cv$）。キャパシタンスの変化があまり大きくなければ，そこからほぼ前と同じ振動が続く。次に電圧が0を通過するときキャパシタンスが元の値に戻されるが，このときは電荷が0だからエネルギーの増減がなく，そのまま振動が続く。

これを繰りかえすと図(c)のように電圧振幅がしだいに大きくなり，キャパシタンスに蓄えられるエネルギーが増加する。キャパシタの蓄積エネルギーあるいは極板間に働く力について計算すると，そのエネルギーは時変キャパシタすなわち極板を動かしている人間から供給されていることがわかる。この場合の能動性は素子値の変化によって生じるものであり，パラメータ励振と呼ばれる。

問題 9.1 上の動作において，人間が力学的に供給するエネルギーを正確に計算し，それがキャパシタの電気エネルギーとして蓄えられたことを確かめよ。

9.3 エネルギー変換

エネルギー変換機能 エネルギー保存則が世の中の現象を支配しているから，何もないところからはエネルギーは発生しない。能動システムがエネルギーを発生するように見えても，どこかから提供されたエネルギーを放出しているにすぎない（図9.6）。つまり能動性はエネルギー変換機能だと言える。

負抵抗では，バイアスを設定するために直流電源

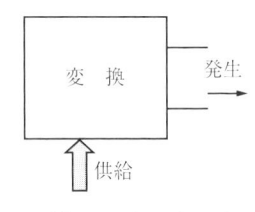

図9.6 入ったエネルギーを出すだけ

が必要になる．素子がバイアス点の近傍で負抵抗として動作するとき，計算をするとバイアス電源が信号成分にエネルギーを供給していることがわかる．また弁素子では流体のエネルギーから信号エネルギーを生成している．

先のパラメータ励振素子では，$2f$の周波数で極板を動かす人間が共振回路にfの周波数でエネルギーを供給している．これは周波数変換作用だと言える．多くの電子装置では，周波数f_1の入力信号を受けて周波数f_0の一定振幅波との積を作り，周波数$f_0 + f_1$の大振幅信号を生成する．周波数が変化するが能動作用である．入力信号と同じ周波数に戻したければ，もう一度周波数変換をすればよい．

9.4 能動回路の解析

回路方程式　　負抵抗はそのまま回路素子として計算に入れる．また弁素子は制御電源として表現する．普通の方法で閉路方程式や節点方程式を構成し，右辺に現れた未知変数は左辺に移動する．周波数変換作用が含まれるときは，ここまでの方法では解析が困難なので，後の章で説明する時変回路の解析法を用いるのがよい．

素子の対等性　　3種類の素子はいずれも能動性であるが，その中で負抵抗は相反性，制御電源は非相反性である．周波数変換素子は非相反性を内蔵しており，外部回路の組合せしだいで非相反性になる．相反・非相反という見地からはこれらの素子は対等でない．しかし負抵抗とジャイレータを組みあわせると，能動非相反性になり，他の素子と同等な表現力を持つ．

例題 9.1　　例として図 9.7 の回路を考える．ここでi_1は外部から流れこむ電流である．まず普通の電流源と同じように制御電流源を右辺に置いて節点方程式を作る．

$$(y_1 + y_2)v_1 - y_2 v_2 = i_1 \tag{9.5}$$

$$-y_2 v_1 + (y_2 + y_3)v_2 = -a v_i \tag{9.6}$$

$v_i = v_1$ であるから,それを式 (9.6) に代入して左辺に移せば

$$(-y_2 + a)v_1 + (y_2 + y_3)v_2 = 0 \quad (9.7)$$

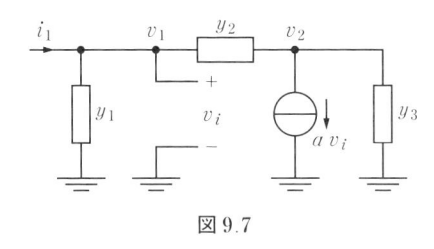

式 (9.5), (9.7) を連立させて解く。数学的には連立 1 次方程式を解くだけだが,制御電源の値が左辺に入ったために,解にいままでと違う性質が生じる。

図 9.7

9.5 フィードバック

帰還利得　制御電源が存在するときには,フィードバック(帰還)の概念が役に立つ。図 9.8 (a) のように一つの制御電源に着目し,入力側に与えた信号 v_i が何倍になって戻ってくるか(帰還利得 L)を考える。しかし電圧源 v_i に並列に電圧計を接続しても,v_i が計測されるだけで,L の測定はできない。

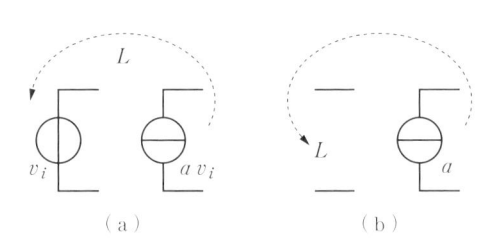

図 9.8　L の測定

そこで次のように考える。制御電源の入力側に電圧 1 を与えると,出力側の制御電流源の値 av_i は a になる。これで入力 1 の役目は終わったので図 (b) のように入力側の電圧源 v_i を取りのぞき,電圧計を接続して信号が帰るのを待つと電圧 L が求められる。これを実行するには素早い動作が必要だが,計算をするのは簡単である。

帰還利得の計算　前と同じ回路を考える。節点方程式は前と同じだが,外部からの電流 i_1 はなく,右辺の av_i が a に変わるだけの違いである。

$$(y_1 + y_2)v_1 \quad\quad - y_2 v_2 = 0 \quad\quad\quad (9.8)$$

$$-y_2 v_1 + (y_2 + y_3)v_2 = -a \quad\quad\quad (9.9)$$

これを解いて v_1 を求めればよい。行列式の形で解くと

$$v_1 = \begin{vmatrix} 0 & -y_2 \\ -a & y_2+y_3 \end{vmatrix} \Bigg/ \begin{vmatrix} y_1+y_2 & -y_2 \\ -y_2 & y_2+y_3 \end{vmatrix} \tag{9.10}$$

となる。これが帰還利得 L である。

還送差　L は重要だが

$$F = 1 - L \tag{9.11}$$

も重要である。入力として与えた 1 と戻ってきた L との差（L が 1 より小さいときは目減り分）が F である。F を還送差と言う。

式 (9.10) を用いて F を計算すると，次のようになる。

$$\begin{aligned} F &= 1 - \begin{vmatrix} 0 & -y_2 \\ -a & y_2+y_3 \end{vmatrix} \Bigg/ \begin{vmatrix} y_1+y_2 & -y_2 \\ -y_2 & y_2+y_3 \end{vmatrix} \\ &= \begin{vmatrix} y_1+y_2 & -y_2 \\ -y_2+a & y_2+y_3 \end{vmatrix} \Bigg/ \begin{vmatrix} y_1+y_2 & -y_2 \\ -y_2 & y_2+y_3 \end{vmatrix} \end{aligned} \tag{9.12}$$

元の回路方程式 (9.5)，(9.7) と比較すると，分子は左辺の係数行列式 Δ，分母は Δ において $a = 0$ としたものである。これらはそれぞれの状態における固有振動と安定性を決定する。$a = 0$ とおくことを上添字の 0 で表すと，式 (9.12) から次の重要な公式が得られる。

$$F = \frac{\Delta}{\Delta^0} \tag{9.13}$$

約分がなければ，F の零点が Δ の零点になる。上では制御電源について還送差を考えたが，式 (9.13) を還送差の定義とすれば，制御電源以外の種類の素子についても形式的に還送差を定義することができる。

9.6　回路関数の修飾

フィードバックによってシステムの性質が大きく変化する。例えば端子から測定されるインピーダンスが，フィードバックによって著しく大きく，あるい

9.6 回路関数の修飾

は小さくなる。また一定値に近づく場合もある。フィードバックを利用して柔らかかった壁が堅くなり、流されていた船が静止するといった応用がよく見られる。システムの性質の変化は、回路関数の修飾として理解される。

インピーダンスの修飾　図9.9のように制御電源と帰還路を含む回路の端子に、外部から電流 i_1 を与えて電圧 v_1 を求め、入力インピーダンスを調べる。節点方程式は次の形になる。

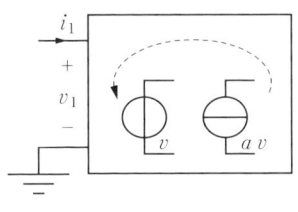

$$\left. \begin{array}{r} a_{11}v_1 + \cdots\cdots = i_1 \\ \cdots\cdots = 0 \\ \cdots\cdots = 0 \end{array} \right\} \quad (9.14)$$

図9.9　インピーダンスの計算

これを解くと

$$v_1 = \frac{\Delta_{11} i_1}{\Delta} \tag{9.15}$$

ここで Δ は左辺係数行列式、Δ_{11} は Δ の小行列式である。

結局この端子から見たインピーダンスは

$$z = \frac{v_1}{i_1} = \frac{\Delta_{11}}{\Delta} \tag{9.16}$$

となる。これを次のように変形する。

$$z = (\Delta_{11}^{\;0}/\Delta^0) \frac{(\Delta_{11}/\Delta_{11}^{\;0})}{(\Delta/\Delta^0)} = z^0 \frac{F_{11}}{F} \tag{9.17}$$

小行列式の解釈　Δ_{11} は、次のように解釈される。元の回路で測定端子1と接地端子を短絡して節点方程式を作ると、$v_1 = 0$ であるから式(9.14)の各式の第1項が消滅する。また端子対を短絡したので電流 i_1 は意味を持たない。結局 Δ_{11} は、測定端子間を短絡したときの左辺係数行列式だと解釈される。

以上により、式(9.17)は次の意味を持つ。制御電源 a の値を0とおいてインピーダンス z^0 を求める。次に測定端子開放時と短絡時について a についての還送差をそれぞれ求め、それらの値を F、F_{11} とする。ここで式(9.17)を用いれば、a が0のときのインピーダンスがフィードバックによってどのよう

に変わるかを，見通しよく議論することができる。

測定端子との関係　普通の負帰還システムでは，正規の動作状態では帰還利得が負の大きな値になり，還送差が正の大きな値になる．**図 9.10** のように測定端子を設定する．図 (a) の場合には，測定端子を短絡すると帰還路が接続されて信号が戻ってくるが，開放すると帰還路が切断され信号が戻ってこない．したがって F は 1, F_{11} は正の大きな値になる．また図 (b) では，測定端子を開放すると信号が戻ってくるが，短絡すると帰還路が接地されて信号が戻ってこない．したがって F は正の大きな値，F_{11} は 1 になる．式 (9.17) を適用すると，測定端子から見たインピーダンスは図 (a) では非常に大きく，図 (b) では非常に小さくなることがわかる．

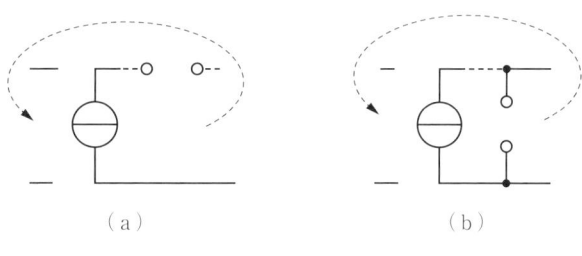

図 9.10　測 定 端 子

問題 9.2　式 (9.17) は，アドミタンスについてはどのような公式になるか．

9.7　能動性と解の存在

代数的問題　受動回路の場合には，解の存在について一応の理解ができた．しかし能動素子が加わると状況は一挙に複雑になる．簡単な例として負抵抗を含む**図 9.11** の回路を考えると，受動回路では解の存在についての問題が起きなかったが，能動

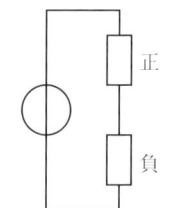

図 9.11　素子値によっては解がない

回路になると，正負抵抗の値しだいでは解が存在しないかもしれない．能動回路では構造以外に代数的な問題が生じる．

なんでもあり　能動回路ではさまざまな素子が作られる．例えば**図 9.12**の回路では

$$z_1 = -\frac{z_0^2}{z_2} \qquad (9.18)$$

となる．z_0 = 抵抗，z_2 = 正値インダクタンスとすると，z_1 = 負値キャパシタンスとなる．負値インダクタンスも同様に構成される．したがってこれらの負値素子を基本素子として用意する必要はない．$z_0 = pL$, $z_2 = -R$とすると，z_1はp^2に比例する奇妙な素子になる．能動性の下では「なんでもあり」である．

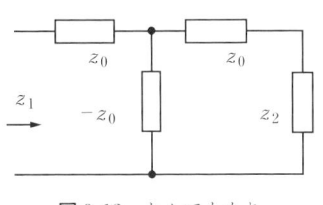

図 9.12　なんでもあり

実際的問題　能動回路は電子素子を用いて構成するのが普通である．したがって正常な動作範囲が限られており，そこから外れると回路図や理論式の通りに動作しない．例えば**図 9.13**のように制御電源の出力を並列に接続すると，$2v_1 = 3v_1$, したがって$v_1 = 0$となる．しかし実際にこの回路を構成して動作させると，制御電源が動作範囲からはみ出してしまい，そのとおりには動作しない．もっとも立場によっては，回路表現を導くだけでよいという場合があるかもしれない．

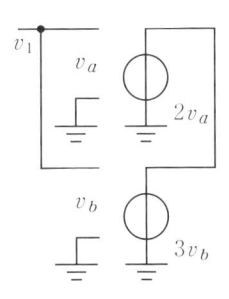

図 9.13　実際には動作しない

9.8　ヌレータとノレータ

特異な例　特異な例として，素子値 1 の V–V 型制御電源 ($v_1 = v_2$)を用いた**図 9.14**の二つの回路を考える．図（a）の場合，端子から見た性質は次のようになる．

$$v = -v_1 + v_2 = 0, \qquad i = 0 \qquad (9.19)$$

つまり端子から見ると，この 2 端子素子には$v = 0$, $i = 0$という状態しか

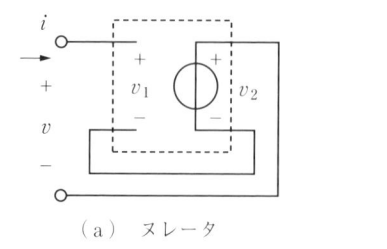

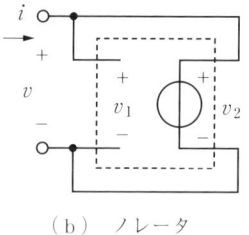

図 9.14 特異な回路

(a) ヌレータ　　(b) ノレータ

ない。このような素子をヌレータと言う。ヌレータは受動相反素子であるが，R, L, C, 変圧器などを組みあわせて作ることはできない。

いっぽう図 (b) の場合には，制約は

$$v = v_1 = v_2 \tag{9.20}$$

だけであり，v としてどのような値を与えてもこの条件を満足できる。また端子電流 i は電圧源に吸いこまれるだけで制約を与えない。つまりこの2端子素子では $v = $ 任意, $i = $ 任意 となり，電圧，電流が独立に任意の値をとる。このような素子をノレータと言う。ノレータは非相反能動素子である[†]。ヌレータ，ノレータを合わせて特異な素子と呼ぶ。

制約条件　普通の2端子素子では，電圧・電流の一方が独立変数となって任意の値をとり，それによって他方が定まる。つまり電圧・電流の2個の変数に対して制約条件は1個，独立変数は1個である。しかし上のような場合があるから，一般には制約条件は0ないし2個，独立変数は2ないし0個としなければならない。$2n$ 端子網であれば，制約条件は0ないし $2n$ 個，独立変数は $2n$ ないし0個となる。

演算増幅器　ヌレータ，ノレータは思考上の産物にすぎないと思うかもしれないが，近似的には実際に作ることができる。図 9.15 (a) は，演算増幅器システムである。増幅器 A の増幅度が充分大きな負値で，またシステムが安定に動作するように z_1, z_2 が設定されていれば，点 B はほぼ零電位に落つく。また増幅器の入力インピーダンスがある程度大きければ，入力電流 i は

[†] 2端子素子の相反性については，10.1 節を参照せよ。

(a)　　　　　　　　　　　(b)

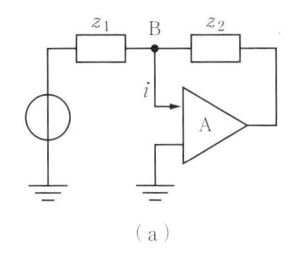

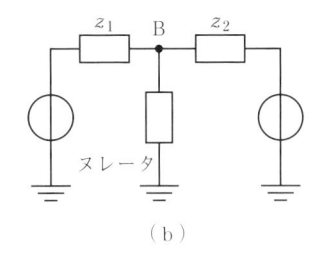

図 9.15　演算増幅器

ほぼ0になる。つまりこの増幅器の役目は，点Bと零電位点の間にヌレータを接続することである（図(b)）。

問題 9.3　このときノレータも実現されている。それはどこにあるのか。

9.9　適度，過大，過小独立

独立変数と方程式　$2n$ 端子網では $2n$ 個の電圧，電流があり，普通はそのうちの n 個を独立変数として値を指定すると，残りの n 個の値が決まる。このとき回路を「適度独立」と言う。しかしノレータやヌレータのようにそうでない場合もある。

$2n$ 端子網についてシステム方程式から冗長な式を消去する。残された方程式の数が n であればシステムは適度独立である。方程式が n より少なければ独立変数は n より多い。この場合を「過大独立」と言う。また方程式が n より多ければ独立変数は n より少ない。この場合を「過小独立」と言う（**図 9.16**）。普通の抵抗は適度独立，ノレータは過大独立，ヌレータは過小独立である。

過大独立，過小独立の場合に，独立変数の数と端子対数

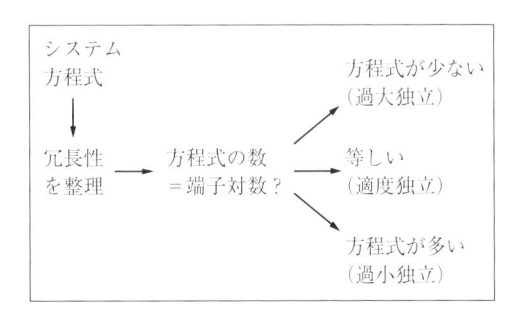

図 9.16　適度，過大，過小独立

n との差を，それぞれ過大独立度，過小独立度と呼ぶ．適度独立の場合にそれらが0になる．

9.10　方程式との関係

制御電源を使えば，回路の中の任意の場所の電圧・電流を他の場所に転写できる（図 9.17）．得られた制御電源を直列あるいは並列に接続すれば，形式的には方程式が表現される．しかしそのようにすると過大独立性も過小独立性も非相反性も制御電源の中に包み隠され，回路の性質と回路構造の関係が見えなくなる．

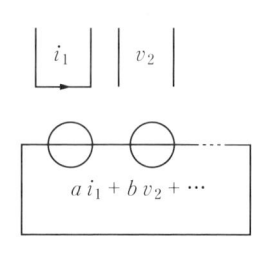

図 9.17　形式的表現

特異な素子と独立性　　ヌレータやノレータは回路の適度独立状態からの「ずれ」を表わす素子であると言える．その性質を調べるために，適度独立な4端子網にノレータを1個接続したとする．ノレータの接続端子対を外に引きだして，残りを適度独立6端子網とする（図 9.18）．

6端子網の表現を

$$\left.\begin{array}{l} v_1 = z_{11}i_1 + z_{12}i_2 + z_{13}i_3 \\ v_2 = z_{21}i_1 + z_{22}i_2 + z_{23}i_3 \\ v_3 = z_{31}i_1 + z_{32}i_2 + z_{33}i_3 \end{array}\right\} \quad (9.21)$$

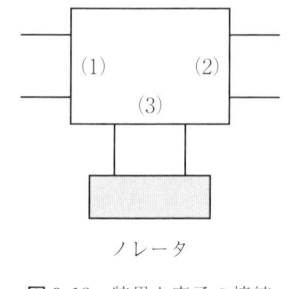

図 9.18　特異な素子の接続

とする．ノレータを接続する前には端子対 (3) が開放状態であるから，式 (9.21) の第1式，第2式で $i_3 = 0$ とおいた式が本来の4端子網の適度独立表現である．

ここで端子対 (3) にノレータを接続すると，$i_3 = $ 任意 となり，第3式は v_3 を与えるだけで4端子網の表現には関係がない．次に第1式，第2式から i_3 の項を消去したい．z_{13}, z_{23} の双方とも0でなければ，一方の式から i_3 を

求めて他方に代入すればよい。どちらかが 0 であれば，0 であるほうの式がそのまま残り，他は任意さを含む表現になる。このいずれの場合にも方程式は一つ減り，4 端子網は過大独立になる。もし z_{13}, z_{23} が双方とも 0 であれば，元の 2 式がそのまま 4 端子網の表現になる。この場合ノレータは元の 4 端子網に影響を与えない位置にあり，実質的に接続されていない。結局ノレータを実質的に接続すれば 4 端子網の方程式は 1 個減少する。

ヌレータを接続する場合にも同じような議論ができる。図 9.18 でノレータの代わりにヌレータが接続されたとする。$v_3 = i_3 = 0$ であるから，第 3 式から

$$z_{31}i_1 + z_{32}i_2 = 0 \tag{9.22}$$

となり，i_1, i_2 が独立でなくなる。細かな議論は省略するが，あきらかに元の 4 端子網で独立変数が 1 個減少する。v_1, v_2 を与える第 1 式，第 2 式は必要であり，電流間の制約を与える式 (9.22) を加えて方程式は一つ増加する。ただし $z_{31} = z_{32} = 0$ であれば式 (9.22) は無意味になり，元の 4 端子網の表現はそのままになる。この場合ヌレータは実質的に接続されていない。

結局ノレータが実質的に接続されると，回路表現から方程式が一つ減り過大独立度が 1 増加する。またヌレータが実質的に接続されると，独立変数が一つ減り方程式が一つ増えて，過小独立度が 1 増加する。つまりノレータは過大独立，ヌレータは過小独立をそれぞれ表現すると言える。

図 9.15 の演算増幅器の場合のように，内部にヌレータを含むが回路全体としては適度独立な動作をする場合には，ヌレータとともにノレータが含まれているはずである。何個かのノレータ，ヌレータが実質的に接続されるときには，過大独立度と過小独立度は代数的に加算・減算される。

10 非相反システムと信号線図

10.1 相反システム

相反性の定義　2章で相反性の初等的定義を与え，その問題点を論じた。そこでは4端子網を想定し，図10.1の二つの状態（a），（b）における動作が対等であることとして相反性を定義した。しかしこの定義には，「電源が接続可能か」，「2端子網や多端子網の場合にはどうするのか」といった問題がある。そこでより厳密な相反性の定義を用意する。

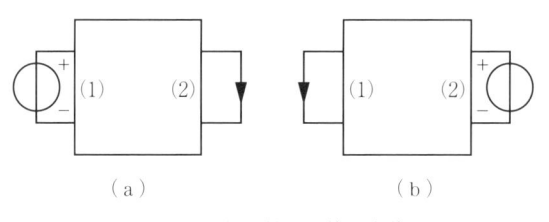

図10.1 相反性の初等的定義

定義 10.1　相反性2　$2n$端子網が与えられたとき，その回路が許容する二通りの状態A, Bの端子対電圧，端子対電流を，それぞれ $(n \times 1)$ ベクトル形で V_A, I_A および V_B, I_B とする。これら端子対電圧，端子対電流の任意の組合せに対して，つねに

$$V_A^T I_B = V_B^T I_A \tag{10.1}$$

が成立するならば（^{T}は転置），この$2n$端子網を相反と言う。

この定義はやや独断的に思われるが，先の初等的定義を特殊な場合として含んでおり，電源接続の問題や2端子網，多端子網の問題を一挙に解決する。

上の定義によれば抵抗，インダクタ，キャパシタ，相互インダクタ，変圧器などの素子は値の正負にかかわらず相反である。開放，短絡状態も素子として見れば相反である。ヌレータも相反である。いっぽうジャイレータ，制御電源，ノレータは非相反である。

閉じた性質　　相反性は閉じた性質である。次の定理が成立する。

定理 10.1　　有限個の相反性素子・システムをどのように接続しても，構成されるシステムは相反である（図 10.2）。

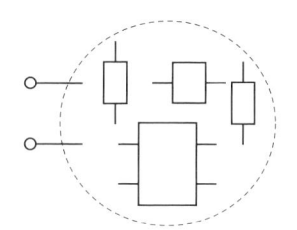

図 10.2　どのように接続しても相反

この性質は受動・能動に関係なく成立する。例えば負抵抗は相反だから仲間に入れてよい。正抵抗と負抵抗を接続すると短絡状態になるかもしれないが，それでも相反である。

10.2　能動非相反システム

なんでもあり　　9章までに見たように，考察するシステムが能動性と非相反性を含むと，「なんでもあり」という表現に象徴されるように，さまざまなシステムが出現する。特異な素子（ヌレータ，ノレータ）を除外したつもりでも，制御電源があれば特異な素子が作られてしまう。自由自在にさまざまな素子が作られてしまうので，能動性と非相反性をともに含むシステムについては，独立度，解の存在などの明確な大局的特性に関連づけて内部構造を理解することは難しいように思われる。

ただ自由度の概念は成立する。多入力・多出力の実有理関数のシステムの伝達関数は実有理関数を要素とする行列形になるが，その次数が等価回路内の

キャパシタとインダクタの総数の最小値を与える。

過大，過小独立であっても，システムの動作が実有理関数を係数とする線形方程式によって表わされるかぎりは，9.10 節で論じたように電圧・電流を制御電源によって転写し，電源側を接続すれば，線形制約が形式的に表現される。端子電圧・電流の一つまたは二つともが従属変数であれば問題ないが，両者が独立ならば図 10.3 のようにノレータを介在させ，方程式の一つを任意性の表現とすればよい。

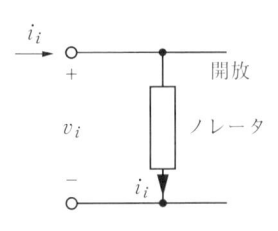

図 10.3 端子電圧・電流を独立に設定できる

能動相反の場合　システムが能動性と非相反性をともに含むと，表現も構造も極端に広がり，体系的な観方ができない。しかしいっぽうだけを含むシステムの場合には，状況は比較的明瞭である。まず能動相反システムについては，定理 10.1 に示した「相反な素子，回路の有限個をどのように接続しても相反である」という性質がある。ここで能動性を代表するのは負抵抗であり，ヌレータを除外するとシステムは適度独立になる。それぞれの場合について，システムの大局的性質と構造が次のように関連する。

性質 10.1　適度独立な相反システムは，有限個の負抵抗，受動素子（ジャイレータ，ヌレータを除く）を接続して表現することができる。

性質 10.2　適度独立または過小独立な相反システムは，有限個の負抵抗，受動素子（ジャイレータを除く）を接続して表現することができる。

また過小独立度とヌレータの個数を関連づけることも可能である。これらは形式的な議論になるので，詳細は省略する。

受動非相反の場合　受動非相反システムについては，定理 8.1 により S 行列による表現が閉じた世界を作る。ヌレータはここで定義した受動素子から作ることができないから，考察から除外してもよいだろう。与えられたシステムが適度独立で S 行列によって表現できているとする。

受動多端子網について，変圧器群による等価変換の理論がある。

性質 10.3　与えられた多端子網が S 行列によって表現されているが，Z 行列による表現が存在しないとき，図 10.4 のように変圧器群 N によって電圧・

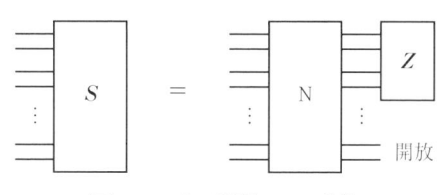

図 10.4　変圧器群による変換

電流を変換し，開放端子群と Z 行列によって表現される多端子網に分解することができる．Y 行列についても同様の操作が可能である．

　これは線形代数学的手法であり，受動・能動に関係なく実行できそうに思えるが，変圧器素子値を定数とした変換が可能になるのは受動性の下である．能動性であると変圧器素子値が有理関数になり，ここで考えている変圧器では実現が困難になる．

　以上のように能動性と非相反性を含むシステムの広い世界の中で，そのいっぽうだけを含む能動相反システムと受動非相反システムがそれぞれの狭い閉じた世界を作る．

10.3　受動非相反システム

非相反性　前節の考察により，受動非相反システムについては Z 行列の存在を前提としてもよい．ここで定義した受動素子（ヌレータは除く）を想定し，回路の特性が有理関数を要素とするインピーダンス行列 Z で表現されているとする．

　Z を対称分 Z_S と反対称分 Z_A に分ける．
$$Z = Z_S + Z_A \tag{10.2}$$
ここで
$$Z_S = (Z + Z^T)/2, \quad Z_A = (Z - Z^T)/2 \tag{10.3}$$
であり，Z_A が回路の非相反性を表現している．

　Z が正実行列であれば Z_S も正実行列になる．しかし Z_S だけを受動回路

として実現してしまうと，残された Z_A は正実行列とはかぎらないから，Z を受動回路として実現できないかもしれない．つまり一般には Z_S と Z_A をまとめて構成しなければならない．

　非相反回路の構成についての研究がある．その議論はジャイレータを引きだしながら問題を受動相反回路の構成に帰着させていくもので，かなり複雑であるが，次の結果を得ている．

　性質 10.4　　与えられた適度独立なシステムの Z 行列が，実有理関数行列，右半平面内正則，エルミート正値であれば，その Z 行列は有限個の抵抗，キャパシタ，インダクタ（相互インダクタはなくてもよい），変圧器，ジャイレータによって構成される．

　素子の個数　　相反回路の場合と同じで，ここで最小限必要なキャパシタ，インダクタの総数は Z の次数に等しい．また最小限必要なジャイレータの個数は，rank $Z_A/2$ で与えられる（ただし rank Z_A が奇数であるときには端数を切り上げる）．変圧器の個数はノーカウントである．

10.4　一方向性の表現

　システムを相反と非相反に分類するのも一つの考え方だが，非相反とは相反でないというだけの意味だから，範囲が広く，さまざまな特性の素子・システムが含まれる．僅かに相反性から外れた場合があり，極端に一方向性に近い場合もある．

　一方向性システム　　一方向性システムは極端に非相反なシステムである．代表的な例としては，電子回路のダイオードは一方向にしか電流を流さない．制御電源は現象を完全に一方向に伝える．また化学反応では物質 A の濃度に応じて物質 B が生成されるが，物質 B からは

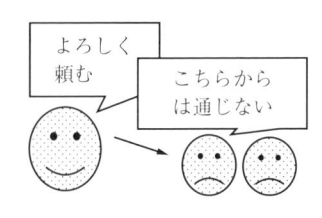

図 10.5　意思が通じない

物質Aを生成しないことがある。人間関係では，上司から部下へ一方的に指令が伝わるが，逆方向には意思が伝わらない（**図10.5**）。

一方向性と双方向性　強い一方向性を持つシステムについては，相反・非相反として分類するよりも，双方向の流れが別々に存在すると考えたほうがわかりやすい。二つの流れが同じ勢いであれば相反性になり，勢いが違うときは非相反性になる。一方向の流れだけのときが一方向性システムである。

相反性素子として抵抗を考える。両端の電位を v_1, v_2 とし，その間のコンダクタンスを g とすると電流 $g(v_1-v_2)$ が流れる（**図10.6**（a））。このとき両側に電源 v_1, v_2 があって，それぞれ gv_1, gv_2 の電流を逆方向に流すのだと考えてもよい（図（b））。コンダクタンス g は方向によって違ってもよいが，たまたま同じになったときが相反性である。

（a）一方向性　　（b）双方向性

図10.6　一方向性と双方向性

10.5　信号線図の作成

信号線図の意味　信号線図は線形性の下で一方向現象を表わす。完全に一方向性の現象は，物理量のやりとりというよりも因果関係だと考えたほうがわかりやすい。

信号線図は点と有向線分（矢線）からなる。点は物理量を表わし，矢線は線形な因果関係を表わす。**図10.7** は，次の関係によって y が x_1, x_2 から生じることを示している。

$$y = a_1 x_1 + a_2 x_2 \qquad (10.4)$$

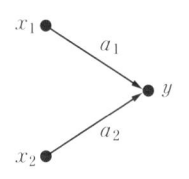

図10.7　信号線図

自分自身が原因であってもよい。**図10.8** の場合

$$y = ax + by \qquad (10.5)$$

である。

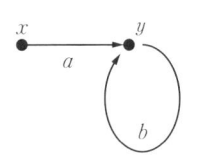

図10.8　自分が原因

108   10. 非相反システムと信号線図

相反性素子も信号線図で表現できる。先の抵抗の場合

$$i = g(v_1 - v_2) \tag{10.6}$$

は図 10.9 のように表現できる。

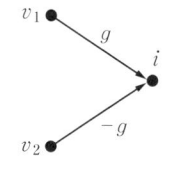

図 10.9　相反性の場合

問題 10.1　2 学年制の学校がある。毎年 100 名の新入生が 1 年に入る。1 年度の終わりに試験があり，60 % が進級，20 % が留年，20 % が退学する。2 年度の終わりの試験では，60 % が卒業，20 % が留年，10 % が 1 年生に降格，10 % が退学する。人数に着目して，この学校の状態を描け。

問題 10.2　炉の温度をセンサで測定し，設定温度との差に比例して加温・冷却して炉温を調整する。このシステムの動作を描け。

10.6　信号線図の解析

信号線図の解　システムの動作が信号線図によって明確に記述できる。しかしシステムを表現するだけでなく，その中の目的とする量（解）を求めたい。もちろん信号線図は 1 次式の集合だから，連立 1 次方程式に書きなおし計算して解を求めてもよい。しかしそれでは信号線図を描く意味がない。信号線図から直接に解を求めたい。

実は信号線図から視察によって解が求められる。準備として図 10.10（a）のようなフィードバックシステムを考えると，その公式の理解を助ける。この

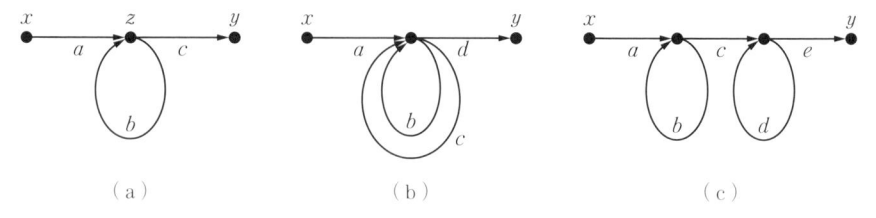

図 10.10　さまざまな帰還路

図の場合，y と x の比は

$$\frac{y}{x} = \frac{ac}{1-b} \tag{10.7}$$

となる。この結果を見ると，分子 ac は x から y へ寄り道をしないで進んだときの倍率（利得）であり，分母は $1-$（z から一回りする帰還利得），つまり z についての還送差である。この形が公式の基本になる。

しかし帰還路が二つ以上あるとそう簡単ではない。計算すると図（b）の場合には

$$\frac{y}{x} = \frac{ad}{1-(b+c)} \tag{10.8}$$

図（c）の場合には

$$\frac{y}{x} = \frac{ace}{(1-b)(1-d)} \tag{10.9}$$

となる。分子は上と同じ解釈でよいが，分母は少し形が違う。

10.7 伝達関数の公式

信号線図が与えられたときに，方程式を経由せずに視察によって直接解を求める公式がある（メーソンの公式）[†]。次の定義を用意する。

定義 10.2 入力節点　　出ていく矢線のみを持つ節点，信号線図における現象の源である。入力節点は複数あってもよい。

出力節点：　求めたい量に対応する節点。任意に指定してよい。

順路：　入力節点から出力節点へ矢線の向きに従って到達する路。同じ節点を2回以上通過するものは含めない。

閉路：　一つの節点から出発し，矢線の向きに従って元の節点に戻る路。同じ節点を2回以上通過するものは含めない。

順路，閉路について，それぞれを辿ったときに信号が何倍になるかを順路利

[†] 相反性の場合にも，回路構造から視察によって解を求める方法がある。

得，閉路利得とする。

メーソンの公式　信号線図が与えられ，入力節点と出力節点が指定されたとき，すべての順路と閉路を視察により見出し，それらの利得をそれぞれ

$$G_1, G_2, \cdots ; \quad L_1, L_2, \cdots$$

とする。

このとき入力量と出力量の比（伝達関数）が次のように求められる。

$$\frac{出力}{入力} = \frac{\sum G_k D_k}{D} \tag{10.10}$$

ここで D, D_k は次のように定義される。

$$D = 1 - \sum_1 L_k + \sum_2 L_k L_l - \sum_3 L_k L_l L_m + \cdots \tag{10.11}$$

$\sum_1$ はすべての閉路についての和，$\sum_2$ は互いに接触していない2個の閉路すべてについての積の和，$\sum_3$ は互いに接触していない3個の閉路すべてについての積の和，… である。閉路は有限個だからこの表現はどこかで終わる。

式 (10.10) の分子は次のように求める。信号線図から G_k に相当する順路を取りのぞく。そして残りの線図について式 (10.11) の D を計算したものが D_k である。$\sum$ はすべての順路についての和である。

上で接触，あるいは取りのぞくと言うときは，通過するすべての矢線，節点を含む。例えば一つの節点を取りのぞいたときに通過できなくなる路があれば，それは計算に入れない。式 (10.10) は，行列式の展開公式を丁寧に辿って証明される。困難ではないがやや長い議論になる。

例題 10.1　応用の例として，図 10.11 のように信号線図が与えられ，入力節点と出力節点が指定されたとする。視察により順路利得と閉路利得が次のように求められる。

$$G_1 = ag, \quad G_2 = adf$$

$$L_1 = b, \quad L_2 = cd, \quad L_3 = e$$

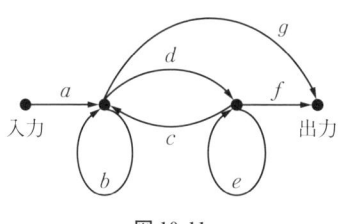

図 10.11

順路，閉路の接触に注意して計算すると

$$D = 1-(L_1+L_2+L_3)+L_1L_3$$
$$D_1 = 1-L_3, \quad D_2 = 1$$

となり,結局,伝達関数は次のようになる。

$$\frac{出力}{入力} = \frac{ag(1-e)+adf}{1-(b+cd+e)+be} \tag{10.12}$$

問題 10.3 問題 10.1 で信号線図を描いた2学年制の学校について,毎年の卒業生と退校生の人数を求めよ。当然その合計は入学生の人数に等しくなるはずである。

10.8 信号線図についての注意

信号線図を描く際に,いくつか注意すべき点がある。

(a) 同じことを何回も描かない

同じことを重ねて描くと矛盾が生じる。例えば $x = y$ を一度図に描いてから,再度 $y = x$ を描くと**図 10.12** のようになり,公式を当てはめると分母が0になる。このような簡単な場合にはすぐ気がつくが,方程式の冗長性に気がつかずに信号線図を描いて計算すると,同じ種類の矛盾が起きる。公式を適用して分母が0になったときはこの種の誤りであることが多い。

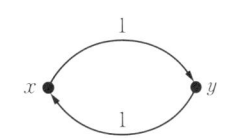

図 10.12 二度描いてはいけない

(b) 先回りして描く

因果関係が巡回する場合がある。**図 10.13**(a)の回路で,v_0 から描きはじめる。順序として次に v が生じるのだが,v_1 がわからないと v が決まらない。v_1 は r_1 を流れる電流 av によって決まる。つまり因果関係が $v_0 \to v \to av \to v_1 \to v$ と巡回し,現象を直観的に順序だてて描くことができない。

このような場合には次のように先回りする。v を決定する式は

$$v = v_0 - v_1 \tag{10.13}$$

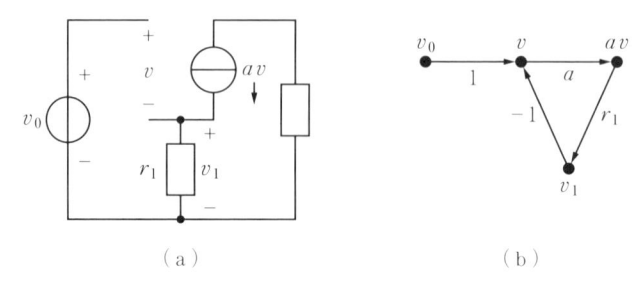

112   10. 非相反システムと信号線図

図10.13 先回りして進む

である。v_0 は既知だが v_1 は未知である。しかし v_1 が既知であるかのように考えて，式 (10.13) を描く。そして先へ進み，後で忘れずに v_1 の面倒を見る（図 (b)）。

図 10.14（a）の回路を考える。この回路は相反性であり，信号線図を使うまでもなく普通に回路方程式を作って解析できる。しかし信号線図を描こうとすると上と同じ種類の巡回問題が発生する。

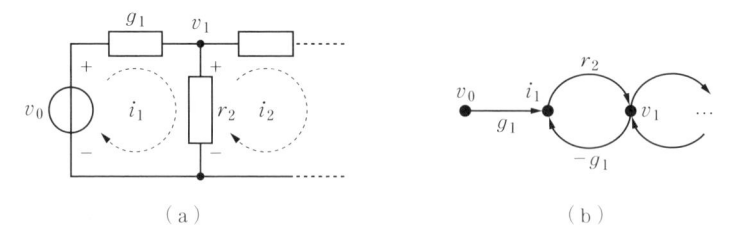

図10.14 相反性の場合

まず v_0 によって i_1 が流れるが，そこでは v_1 が関係する。i_1 が流れると v_1 が生じるが，そこでは i_2 が関係する。以下同様に結果からの反作用を受けつつ現象が進行する。これは相反システムでは当然起きることである。

この巡回問題を解決するには，次のようにする。v_0 から i_1 を求めるときには v_1 を既知とみなし

$$i_1 = g_1(v_0 - v_1) \tag{10.14}$$

として先に進む。次の段階では i_2 を既知とみなし

$$v_1 = r_2(i_1 - i_2) \tag{10.15}$$

として先に進む。i_2 が描けたら v_1 の面倒を見る。同様の操作を繰りかえしながら進んでいけばよい（図（b））。

（c） 物理的な因果関係があれば尊重する

例えば実際の弁素子では，弁の操作によって下流に振動が発生する（図10.15）。物理的に明確な因果関係が存在するときには，それに従って信号線図を描くべきである。数式として正しくても，「水流の振動によって弁が動く」と逆に考えてはいけない。勝手な表現のままで先に進むと，不自然な結果になる。

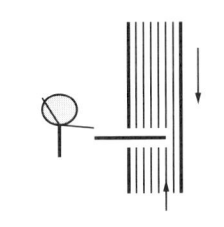

図 10.15　下流を制御しても

（d） ヌレータ，ノレータを不必要に形成しない

演算増幅器の場合のように，能動性あるいは一方向性の素子を組みあわせると，意図しないうちに過大独立，過小独立な回路が部分的に生成されることがある。システム全体として適度独立で入力から出力が矛盾なく計算できる場合でも，順路利得や閉路利得の計算をするときには信号線図の一部しか見ない。もしここにノレータが含まれていると，解が存在しない計算をする恐れがある。

問題 10.4　図 9.15 の演算増幅器回路について，さまざまな手順で信号線図を描いてみよ。描き方によっては手詰りを経験するはずである。

11 安定な関数

11.1 安定性の判定

安定性　システムの安定性とは，すべての固有振動が安定，すなわち時間がたっても有界にとどまるということである。現実の素子は限られた電圧・電流の範囲でしか動作しないから，固有振動がどこまでも増大すると正規の動作から外れてしまう。つまり安定でないシステムは，だいたいにおいて使いものにならない。例外として正弦波発振器のように持続振動を発生するシステムは，固有振動指数が虚軸からごく僅かに右半平面内に位置し，不安定になるように設計する。また不安定であっても，固有振動が成長しないうちに動作を終了するシステムも考えられる。

特性多項式による判定　システムの構造が紙の上あるいは数式で与えられたときには，システム方程式の左辺係数行列式として特性多項式が導出される。それを 0 とおいてすべての固有振動指数を求めるか，あるいは特性多項式がフルビッツ多項式であるかどうかを調べて安定性を判定することができる。

方程式は節点方程式や閉路方程式のような標準形式である必要はなく，システムを正しく表現する方程式であればよい。また 9 章で説明したように還送差を計算して 0 とおいてもよい。

例題 11.1　例えば図 11.1 では，V–V 型の制御電源に受動回路を通したフィードバックが加えられている。回路方程式を作ってもよいが，制御電源

がV-V型なのだから下部の RC 回路の電圧比だけが問題である。

RC 回路側について電圧比を計算すると

$$\frac{v_2}{v_1} = \frac{\omega_0 p}{p^2 + 3\omega_0 p + \omega_0^2} \qquad (11.1)$$

となる（$\omega_0 = 1/rc$）。制御電源と組みあわせると還送差 F は次のようになる。

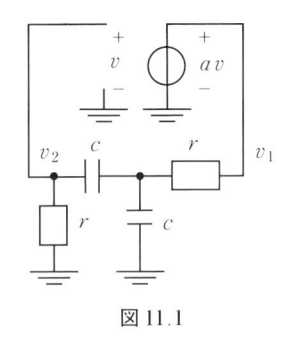

$$F = 1 - \frac{a\omega_0 p}{p^2 + 3\omega_0 p + \omega_0^2} \qquad (11.2)$$

図 11.1

これを 0 とおくと，特性方程式が得られる。

$$p^2 + (3-a)\omega_0 p + \omega_0^2 = 0 \qquad (11.3)$$

根がすべて左半平面にあるための条件は $a \leq 3$ となる。$a = 3$ のとき，根は $p = \pm j\omega_0$ であり，角周波数 ω_0 の正弦波振動が生じる。

11.2 開ループによる判定

現に存在するシステムについて安定性を判定するには，システムを実際に動作させて観察すればよい。しかし大型機械を実際に動作させたときに不安定で暴走したら，機械が壊れてしまうかもしれない。「壊れたから不安定だ」と結論しても意味がないだろう（図 11.2）。

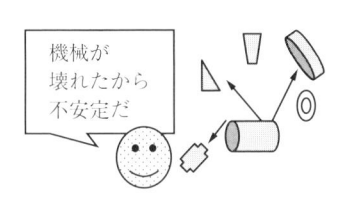

図 11.2 これでは意味がない

またシステムを設計するときには，安定かどうかを判定するだけでなく，安定性を保つのにどれだけ余裕があるかを知りたいことがある。それはシステムを実際に動作させるだけではわからない。

開ループでの測定　多くのシステムではフィードバック信号が安定・不安定を決定し，フィードバックループが切断されるとシステムは安定になる。そのような場合にはフィードバック状態で動作する前に，フィードバックループ

11. 安定な関数

自体の信号伝達特性（帰還利得や還送差）を調べるとよい。特に還送差はフィードバックの影響を直接に特性多項式に反映する。

回路図などシステムの構造について詳しい資料があるときには，計算をすれば状況がわかる。しかし資料がないときにはなんらかの測定をしなければならない。普通はある制御電源を指定し，正弦波を与えて帰還利得を測定して還送差を求める。

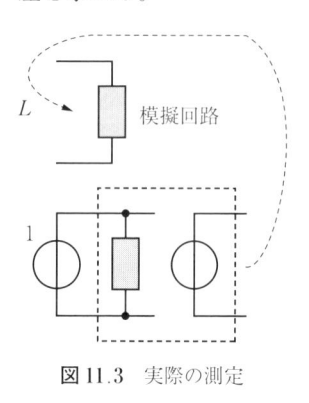

指定された制御電源の入力側に電源1を接続する。信号が出力側に伝達されたら，フィードバックループを通して信号が戻ってくる前に入力側の電源を外し，電圧計を接続して信号を待つ。実際にはそのような早業はできないから，制御電源素子の入力インピーダンスを模擬した終端回路を用意して電圧を測定する（図11.3）。帰還利得を測定すれば，1との差として還送差が求められる。

図11.3 実際の測定

11.3 還送差による判定

システム方程式の左辺係数行列式 Δ は，還送差 F と次の関係にある。

$$F = \frac{\Delta}{\Delta^0} \tag{11.4}$$

Δ^0 は，Δ において還送差に対応する制御電源の値を0としたものである。

零点の位置　問題は Δ の零点の位置であるが，式 (11.4) からわかるように Δ^0 の零点の位置も安定性に関係する。F の分母・分子をそれぞれ因数分解して

$$F = c\frac{(p-a_1)(p-a_2)\cdots(p-a_k)}{(p-b_1)(p-b_2)\cdots(p-b_l)} \tag{11.5}$$

とする。式 (11.4) で Δ と Δ^0 に共通因数がないものとすれば，$a_1, a_2, \cdots$ が Δ の零点に，$b_1, b_2, \cdots$ が Δ^0 の零点にそれぞれ対応する。虚軸上には零点が

ないとする。

p が複素数平面の虚軸上を $-j\infty$ から $+j\infty$ まで移動するとき（**図 11.4**），$(p-a_1)$ の偏角は a_1 が左半平面にあれば π 増加し，a_1 が右半平面にあれば π 減少する。$(p-b_1)$ の偏角も同様である。F の偏角の変化はこれらの和と差で与えられる。結局 p が虚軸上を移動するとき

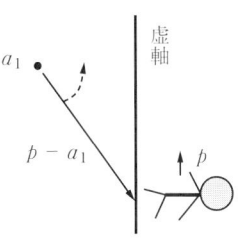

図 11.4 偏角の変化

$$\arg F \text{ の変化} = \pi\{(m_a - n_a) - (m_b - n_b)\} \tag{11.6}$$

となる。ここで Δ の零点は合計 k 個で左側に m_a 個，右側に n_a 個あるとし，Δ^0 の零点は合計 l 個で左側に m_b 個，右側に n_b 個あるとする。多重根はその多重度に応じて数えることにする。

さらに次の仮定をおく。

（ⅰ） $p \to \infty$ で $F \to 1$

（ⅱ） 制御電源の値を 0 とするとシステムは安定である。

条件（ⅰ）は，周波数が無限大になったときに帰還利得 $L\,(= 1 - F)$ が 0 であることを意味する。実際の回路は無限大周波数までは信号を伝送しないから，この条件は当然である。しかし紙の上に描かれた回路ではそうならないこともある。

条件（ⅱ）は，いま考えている制御電源が動作を停止すると回路が安定であることを意味する。制御電源はだいたいにおいてシステムの能動性を強めるから，多くの場合制御電源の動作を止めればシステムは安定の方向に向かう。しかしシステムの構造によってはそうでないこともある。もし動作を止めても安定でなければ，その状態でさらに別の制御電源について調べ，Δ^0 に対して以下と同様な判定法を適用すればよい。

上の二つの条件が成立すると，次式が適用される。

（ⅰ） $k = l$

（ⅱ） $n_b = 0$

条件（ⅰ）は $n_a + m_a = n_b + m_b$ を意味する。これらの関係を式（11.6）に

適用すると

$$\arg F \text{ の変化} = -2\pi n_a \tag{11.7}$$

となり，F の偏角の変化と Δ の右半平面にある零点の個数が直接に結びつく。

11.4 ナイキストの判定法

式 (11.7) は以下のようにまとめられる。p 平面の虚軸上で p を下から上へ移動，すなわち正弦波の角周波数を $-\infty$ から $+\infty$ まで変化させ（図 11.5（a）），$F(j\omega)$ のベクトル軌跡を F 平面上に描く（図（b））。

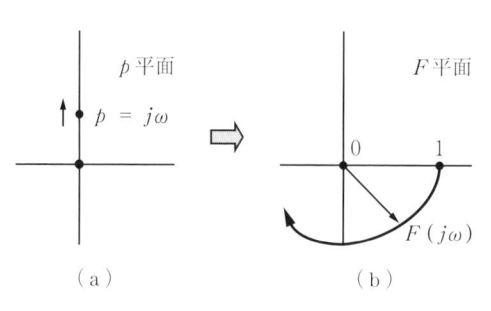

図 11.5 $F(j\omega)$ の軌跡

ナイキストの判定法 前節の条件（i）によって ω が $-\infty$ から $+\infty$ まで変化するとき，$F(j\omega)$ の軌跡は 1 から出発して 1 に戻る。その間の偏角変化が $-2\pi n_a$ であるから，$F(j\omega)$ の軌跡が原点のまわりを（時計方向に）n_a 回転する（条件（ii）の下では反時計方向の回転はない）。つまり軌跡が原点を囲めば不安定，囲まなければ安定である。

この判定法を，提案者の名によってナイキストの判定法と言う。測定器を用意すれば正弦波の周波数を広い範囲に変化させて $F(j\omega)$ を測定できる。ω を負の範囲に変化させることはできないが，F が実関数であれば正の ω に対して軌跡を描き，実軸に関して対称に反転させれば ω の負の部分が得られる。

安定余裕 還送差 $F(j\omega)$ でなく帰還利得 $L(j\omega)$ を測定することが多い。$F = 1 - L$ だから $L(j\omega)$ の軌跡は原点から出発し，それが 1 を囲

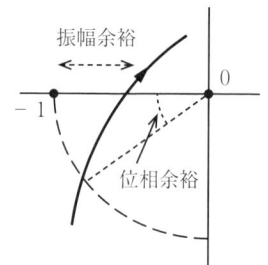

図 11.6 振幅余裕と位相余裕

むかどうかが問題である。また多くのシステムは、動作範囲で $L(j\omega)$ が負の大きな実数であるように設計する（負帰還）。負帰還システムを前提として $-L(j\omega)$ の軌跡を調べることも多い。このときには、軌跡は原点から出発し、-1 を囲んで回るかどうかが問題になる。実際の設計では、$-L(j\omega)$ について図 11.6 のように振幅余裕と位相余裕を定義し、安定性を保つための余裕の表現とする。

11.5　1次関数の軌跡

右半平面で正則な関数は、おおまかにいって半分の自由しかない。簡単な例として次の1次関数を考える。

$$Z(p) = \frac{1}{1+ap} \tag{11.8}$$

安定なためには $a > 0$ でなければならない。このときは受動でもある。

時計回り半円　少し計算すればわかるように、$p = j\omega$ として ω を 0 から $+\infty$ まで変えると、$Z(j\omega)$ は複素数平面上で実軸上 0.5 を中心とする半円上を、1 から原点まで時計回りに辿る（**図 11.7**）。

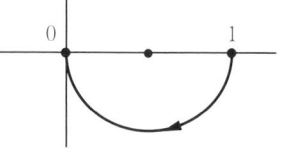

式 (11.8) に負号が付いていれば、軌跡は原点に関して対称な位置に移動する。また分子が定数でなく1次式であるときには、1度除算をして定数項と式 (11.8) の形の項に分けると、同じように半円の軌跡を描く。

図 11.7　$Z(j\omega)$ の軌跡

結局、分母・分子が1次式の実係数関数は、実軸上の1点から実軸上の別の点に向かって時計回りの半円を描く。この時計回りが安定な関数の特徴である。$a\omega = 1$ となる周波数で軌跡はちょうど円の中心の真下（または真上）を通る。

以上はきわめて簡単な関数だが、実際にこの形の特性に出会ったときには、直観的な考察ができる。例えばある材料の物理的特性を測定して、**図 11.8**

120　　　11. 安定な関数

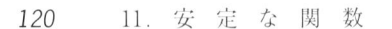

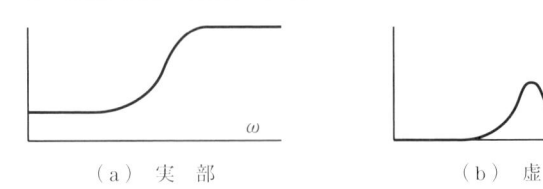

図 11.8 1次関数の実部と虚部

（a）の実部が得られたときには，虚部は図（b）のようになると予想され，虚部のピークの位置や大きさも推定される。

11.6 実部と虚部

適当に構成した関数を右半平面内の閉曲線上で積分することによって，正則関数についてさまざまな関係が導かれる。非常に多くの関係式が導かれているが，以下にいくつかの重要な例を示す。

問題 11.1　安定な回路のインピーダンス $Z(p)$ が，入力部に並列キャパシタンスを持ち（図 11.9（a）），次の性質があるとする。

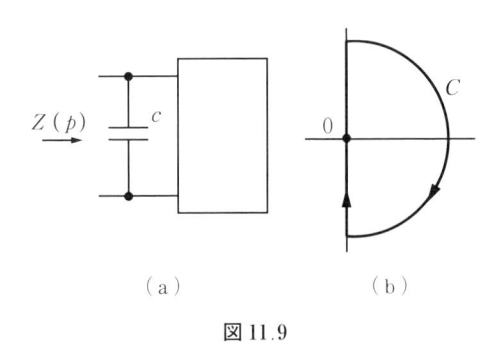

$$Z(p) \to \frac{1}{pc} \quad (p \to \infty) \tag{11.9}$$

この $Z(p)$ を図（b）の積分路 C に沿って積分し，円の半径を無限大にしたとき，$Z(j\omega)$ の実部 $R(\omega)$ について次の関係が成立することを示せ。

$$\int_0^\infty R(\omega)\,d\omega = \frac{\pi}{2c} \tag{11.10}$$

図 11.9

回路のインピーダンス実部（抵抗分）に着目して，入力電流からできるだけ大きな電力を吸収しようとするとき，上式は周波数軸上での実部 R の積分

値に，並列キャパシタンスによって定まる限界があることを示している．例えば**図 11.10**のように実部をある周波数範囲でできるだけ大きく一定に保とうとすると，その面積 Ab には式 (11.10) の限界がある．

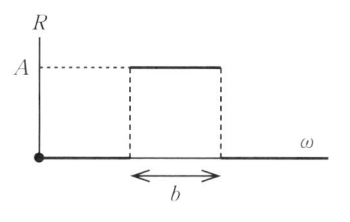

図 11.10　実部の限界

実部と虚部の関係　さらに安定な関数について虚軸上での実部と虚部についての一般的関係が導かれる．実係数有理関数 $Z(p)$ が（虚軸を含めて）右半平面で正則であるとする．虚軸上で

$$Z(j\omega) = R(\omega) + jX(\omega) \tag{11.11}$$

とおく．

複素数平面上で**図 11.11** の積分路 C に沿って，次の積分を考える．

$$\int_C \frac{Z(p) - R(\omega)}{p^2 + \omega^2} dp = \int_{C_1} + \int_{C_2} + \int_{C_3} + \int_{C_4} + \int_{C_5} + \int_{C_6} \tag{11.12}$$

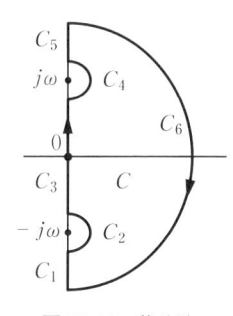

積分路内部で被積分関数が正則だから，積分値は 0 である．

図 11.11　積分路

大きな円の半径を ∞ に，小さな二つの円の半径を 0 に近づけた極限では

$$\int_{C_2}, \int_{C_4} \to j\pi \frac{X(\omega)}{2\omega}, \quad \int_{C_6} \to 0 \tag{11.13}$$

また

$$\int_{C_1} + \int_{C_3} + \int_{C_5} \to -2j \int_0^\infty \frac{R(u) - R(\omega)}{u^2 - \omega^2} du \tag{11.14}$$

となる（計算を試みよ）．

以上をまとめると，次式を得る．

$$X(\omega) = \frac{2\omega}{\pi} \int_0^\infty \frac{R(u) - R(\omega)}{u^2 - \omega^2} du \tag{11.15}$$

つまり，安定な関数 $Z(p)$ について正弦波に対する実部 $R(\omega)$ を与えると，上の計算によって虚部 $X(\omega)$ が得られる．ここでは関数が虚軸上に極を

持たないとしている。正実関数と違い，安定関数では虚軸上の極が実部に影響するかもしれない。これについては別途考慮しなければならない。

11.7　振幅特性と位相特性

振幅と位相　伝達特性 $f(\omega)$ を考え，$f(p)$ は虚軸上に極も零点も持たないとする。伝達関数は指数関数の形で表わすことが多い。

$$f(\omega) = e^{A(\omega)+jB(\omega)} \tag{11.16}$$

入力正弦波を複素数で表わすと $f(\omega)$ との積が出力を与える。$e^{A(\omega)}$ は振幅が何倍になるかを表わし（A をネーパと言う），$e^{jB(\omega)}$ は位相がどれだけ進むかを示す。

式 (11.16) は，

$$A(\omega) + jB(\omega) = \log f(\omega) \tag{11.17}$$

と書ける。システムが安定であれば $f(p)$ は右半平面正則であるが，さらに $f(p)$ が（虚軸を含む）右半平面内に零点を持たなければ $\log f(p)$ が右半平面正則になる。そうであれば $\log f(\omega)$ に対して式 (11.15) の関係を適用することができ，振幅特性 $A(\omega)$ から位相特性 $B(\omega)$ が決定される。

右半平面零点　$f(p)$ が右半平面内に零点を持たないという条件については次のように考える。$f(p)$ が右半平面実軸上に零点 σ（単根）を持っているときには

$$f_1(p) = f(p)\frac{\sigma + p}{\sigma - p} \tag{11.18}$$

とおくと，$f(p)$ の右実軸上零点 σ が除去され，しかも $f_1(p)$ は右半平面正則である。

式 (11.18) 右辺第 2 因子の絶対値は 1 である。$f(p)$, $f_1(p)$ の振幅，位相特性を，それぞれ $A(\omega)+jB(\omega)$, $A_1(\omega)+jB_1(\omega)$ とすると

$$A_1(\omega) = A(\omega), \quad B_1(\omega) = B(\omega) + B_0(\omega) \tag{11.19}$$

となる。

ここで $B_0(\omega)$ は式 (11.18) 左辺第 2 因子の位相である。これについては，位相に 2π の任意性があるからそのままで符号を論じても意味がない。しかし直流で 0 という約束をすれば，$B_0(\omega)$ は $\omega > 0$ に対して正値をとる。

式 (11.18) の処理によって得られる $f_1(p)$ は，右半平面内で正則で零点 σ が消去されている。右半平面内の零点が実数でなく共役複素対である場合にもまとめて同様に処理すれば，追加される位相の符号は $\omega > 0$ に対して正である。結局 $f(p)$ と $f_1(p)$ を比較すると，両者は右半平面内で正則，振幅特性が同じで，$f_1(p)$ の位相は $f(p)$ の位相よりも大きい。

最小位相関数　実際の伝送システムでは伝達関数の位相が普通は負であり，出力の位相は入力より遅れる（位相遅れと言う）。上の $f(p)$ から $f_1(p)$ を導く操作は位相遅れを減少させる方向になる。その意味で右半平面内に零点を持たない関数を，「最小位相（遅れ）」の関数と言う。

結局，次の性質を得る。

「安定な振幅特性に対して，式 (11.15) により位相特性を導くと，それが同じ振幅特性に対して実現可能な最小の位相（遅れ）を与える。」

最初から減衰特性と位相遅れ特性を定義して考察する人もいる。

（問題）11.2　与えられた安定な伝達関数が最小位相で，振幅特性が $\omega = 1$ までほぼ 1，ω が大きくなるとほぼ ω^{-4} の形で減少する。ω が小さい値の範囲での位相特性を近似的に調べよ。

12 時変システム

12.1 多周波数成分

システムの構造や素子値が突然あるいは連続的に変わる場合がある。スイッチで回路を切りかえる場合のように回路がまったく違う構造に変化するならば，改めて方程式を作りなおさなければならない。しかし構造が保たれたまま素子値が変化するのならば，その変化を方程式に組みこんで解析すればよい。

スイッチ動作　電気スイッチや流体バルブは基本的な切りかえ素子である。スイッチ動作がシステムに及ぼす影響は場合によって違う。

図 12.1 の回路を考える。この回路は次のように単純に動作する。

スイッチ S がオンのとき：
$$v_2(t) = v_1(t) \tag{12.1}$$
スイッチ S がオフのとき：
$$v_2(t) = 0 \tag{12.2}$$

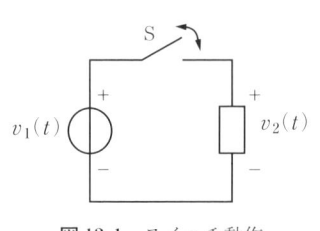

図 12.1　スイッチ動作

スイッチ関数　スイッチが周期的にオン・オフを繰りかえす場合，式 (12.1)，式 (12.2) は，入力 $v_1(t)$ に図 12.2 のようなスイッチ関数 $s(t)$ を乗じることと同じである。
$$v_2(t) = v_1(t)\, s(t) \tag{12.3}$$

$s(t)$ はフーリエ級数で表現できる。入力

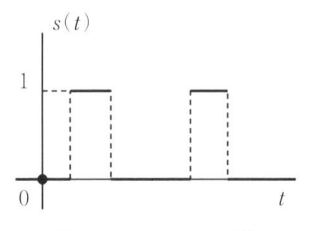

図 12.2　スイッチ関数

$v_1(t)$ と級数の各項との積を作ると，その和が出力 $v_2(t)$ を与える．入力 $v_1(t)$ が正弦波 $\cos\omega t$ のとき，$s(t)$ の級数表示の一つの項 $\cos\omega_0 t$ との積は次のようになる．

$$\cos\omega t \cdot \cos\omega_0 t = (1/2)\{\cos(\omega+\omega_0)t + \cos(\omega-\omega_0)t\} \quad (12.4)$$

ここで ω は信号の角周波数，ω_0 はスイッチのオン・オフ動作の基本角周波数である．

この式が示すように，ω の信号からは出力に $\omega+\omega_0$，$\omega-\omega_0$ の成分が生じる．フーリエ級数の高調波成分についても同様であり，結局出力には $\omega+m\omega_0$（m は正，負の整数または 0）の成分が生じる．

時変素子　システムが時変素子を含む場合にもスイッチと同じ現象が生じる．次のような抵抗値の変化を考える．

$$r = r_0 + 2r_1\cos\omega_0 t \quad (12.5)$$

右辺第 2 項の係数 2 は，後の計算の便宜上のもので，特に意味はない．

この抵抗に角周波数 ω の電流 $a\cos\omega t$ を流すと，電圧は次のようになる．

$$v = ar_0\cos\omega t + ar_1\cos(\omega+\omega_0)t + ar_1\cos(\omega-\omega_0)t \quad (12.6)$$

つまり元の角周波数 ω だけでなく，角周波数 $\omega+\omega_0$，$\omega-\omega_0$ の成分が生じる．

抵抗に電流が流れるだけなら，これがすべてである．しかし回路中のどこかでこの電圧から生じた電流が同じ時変素子を流れると，$\omega+\omega_0$ の成分からは ω，$\omega+2\omega_0$ の成分が生じ，$\omega-\omega_0$ の成分からは ω，$\omega-2\omega_0$ の成分が生じる．この作用が繰りかえされると，無限に多くの $\omega+m\omega_0$（m は整数）の成分が生じる．

これらの経過において出力成分はすべて入力信号の振幅 a に比例し，その意味で動作は線形である．

12.2　正弦波の複素数表示

時不変システムと同じように，時変システムにおいても正弦波を指数関数

$ae^{j\omega t}$ によって表示し，$ae^{j\omega t}$ の実部が実際の正弦波 $a\cos\omega t$ を表わすと約束できれば便利である。しかしそれは少し慎重に考えなければならない。例えば式 (12.5) の時変素子を正弦波と同じように指数関数で表現すると誤りになる。

正弦波の表示　はじめから考えてみると，電圧・電流の正弦波に対して指数関数を使うとき，その意味は

$$\begin{aligned} a\cos(\omega t+\theta) &= \mathrm{Re}\{ae^{j(\omega t+\theta)}\} \\ &= \{ae^{j(\omega t+\theta)} + ae^{-j(\omega t+\theta)}\}/2 \end{aligned} \quad (12.7)$$

である。上式の最後の表現は約束事を含まないから正しい。式 (12.5) の時変素子についても

$$r = r_0 + r_1\left(e^{j\omega_0 t} + e^{-j\omega_0 t}\right) \quad (12.8)$$

と書けば正しい。

電流と抵抗の積として電圧を計算するために，式 (12.7) と式 (12.8) の積を作ると，$\omega,\ \omega+\omega_0,\ \omega-\omega_0$ の成分とともに，$-\omega,\ -\omega-\omega_0,\ -\omega+\omega_0$ の成分が生じる。そして各成分の係数を調べると，はじめの 3 項と後の 3 項の成分が，指数関数も含めてそれぞれ共役複素数の関係になっている。

したがって時不変システムの場合と同様に，式 (12.7) の第 1 項の指数関数だけを用いて正弦波を表現し，時変素子に対する式 (12.8) は正確な表現をそのまま残す。そして通常の正弦波交流の計算法を適用すれば，得られた結果の実部が求める正弦波となる。

このようにすれば，時変回路においても正弦波の電圧・電流を指数関数によって表わして計算することが許される。電圧・電流が指数関数によって表現されれば，各成分における電力のやりとりも時不変システムの場合と同じように計算される。

12.3　時変システムの計算

回路素子の表現　式 (12.5) の時変抵抗について電圧・電流の関係を調べ

12.3 時変システムの計算

る。電圧・電流をそれぞれ次式のように表わす。

$$v = \cdots + v_{-2}e^{j(\omega-2\omega_0)t} + v_{-1}e^{j(\omega-\omega_0)t} + v_0 e^{j\omega t} + v_1 e^{j(\omega+\omega_0)t}$$
$$+ v_2 e^{j(\omega+2\omega_0)t} + \cdots \tag{12.9}$$

$$i = \cdots + i_{-2}e^{j(\omega-2\omega_0)t} + i_{-1}e^{j(\omega-\omega_0)t} + i_0 e^{j\omega t} + i_1 e^{j(\omega+\omega_0)t}$$
$$+ i_2 e^{j(\omega+2\omega_0)t} + \cdots \tag{12.10}$$

これらの表現を式 (12.8) とともに

$$v = ri \tag{12.11}$$

に代入し整理すると，次式を得る。

$$\begin{bmatrix} \vdots \\ v_{-2} \\ v_{-1} \\ v_0 \\ v_1 \\ v_2 \\ \vdots \end{bmatrix} = \begin{bmatrix} \cdots\cdots\cdots \\ \cdots & r_1 & r_0 & r_1 & \cdots \\ & \cdots & r_1 & r_0 & r_1 & \cdots \\ & & \cdots & r_1 & r_0 & r_1 & \cdots \\ & & & \cdots & r_1 & r_0 & r_1 & \cdots \\ & & & & \cdots & r_1 & r_0 & r_1 & \cdots \\ & & & & & \cdots\cdots\cdots \end{bmatrix} \begin{bmatrix} \vdots \\ i_{-2} \\ i_{-1} \\ i_0 \\ i_1 \\ i_2 \\ \vdots \end{bmatrix} \tag{12.12}$$

上式はベクトル・行列形で書けば

$$V = RI \tag{12.13}$$

とまとめられ，形式的にはオーム則と同じである。無限行列の計算には収束性などの注意が要るが，実際には限られた範囲の成分しか問題にならないのだから，ベクトル，行列の重要な部分だけを残して計算をすればよい。

回路の計算 時不変素子を式 (12.12) の形式で表現すると対角行列になる。時不変素子も時変素子も同様にベクトル・行列形で表わし，行列の計算によって回路方程式を解けばよい。例えば**図 12.3** で R が時変素子，Z が時不変素子だとすると

$$V = (Z + R)I \tag{12.14}$$

となり，適当な成分を残して計算する。電力のやりとりは周波数成分ごとに $\mathrm{Re}(v^* i)$ を計算すればよい。

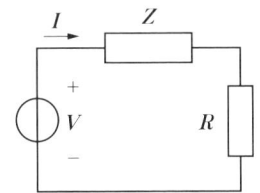

図 12.3 回路の計算

12.4　周波数変換と能動性

能動性　時変素子には周波数変換作用があり，能動性を生じる可能性がある。図 12.4 の回路を考え，キャパシタは時変素子

$$C = c_0 + 2c_1 \cos \omega_0 t \tag{12.15}$$

とし，正抵抗は時不変，電圧源は ω の正弦波とする。図には描いてないが適当にフィルタを挿入し，ω と $\omega + \omega_0$ の成分だけを考えればよいとする。正抵抗値は ω に対して 0，$\omega + \omega_0$ に対して r とする。

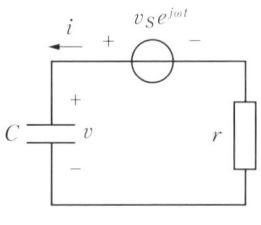

図 12.4　能動性の例

キャパシタの電圧・電流を

$$v = v_0 e^{j\omega t} + v_1 e^{j(\omega+\omega_0)t} \tag{12.16}$$

$$i = i_0 e^{j\omega t} + i_1 e^{j(\omega+\omega_0)t} \tag{12.17}$$

とおく。$q = Cv$ を計算し，その時間微分として電流を求めると次式を得る。

$$\begin{bmatrix} i_0 \\ i_1 \end{bmatrix} = \begin{bmatrix} j\omega c_0 & j\omega c_1 \\ j(\omega+\omega_0)c_1 & j(\omega+\omega_0)c_0 \end{bmatrix} \begin{bmatrix} v_0 \\ v_1 \end{bmatrix} \tag{12.18}$$

また電圧源と抵抗については，次式のようになる。

$$\begin{bmatrix} v_0 \\ v_1 \end{bmatrix} = \begin{bmatrix} v_S \\ 0 \end{bmatrix} - \begin{bmatrix} 0 & 0 \\ 0 & r \end{bmatrix} \begin{bmatrix} i_0 \\ i_1 \end{bmatrix} \tag{12.19}$$

以上の式から i_0, i_1 を求め，抵抗が受けとる電力 P_r，電圧源が供給する電力 P_S を求める。P_r は $\omega + \omega_0$ の成分で決まり，P_S は ω の成分で決まる。

$$\begin{aligned} P_r &= r|i_1|^2 \\ &= (\omega+\omega_0)^2 c_1^2 r |v_S|^2 / \{1 + (\omega+\omega_0)^2 c_0^2 r^2\} \end{aligned} \tag{12.20}$$

$$\begin{aligned} P_S &= \mathrm{Re}(v_S^* i_0) \\ &= \omega(\omega+\omega_0) c_1^2 r |v_S|^2 / \{1 + (\omega+\omega_0)^2 c_0 r^2\} \end{aligned} \tag{12.21}$$

これらの結果から

$$\frac{P_r}{P_s} = \frac{\omega + \omega_0}{\omega} > 1 \tag{12.22}$$

となって，抵抗は電源が供給するよりも大きな電力を受けとっており，時変キャパシタがエネルギーを供給していることがわかる。

非線形素子の動作　内容は少し違うが，次の性質が一般的に導かれている。図 12.5 の回路において，電荷・電圧の関係が 1 価関数

$$v = f(q) \tag{12.23}$$

で表わされる非線形キャパシタ C を時変素子として使用する。

非線形キャパシタを時変素子として動作させるための励振角周波数を ω_0，信号源の角周波数を ω とすると，C が非線形素子であるから，電圧・電流は $m\omega + n\omega_0$ の成分（m, n は正，負の整数，または 0）を含む。

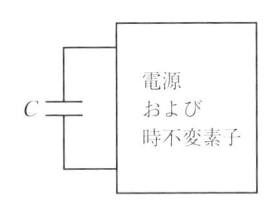

図 12.5　非線形キャパシタ

角周波数 $m\omega + n\omega_0$ においてキャパシタが受けとる電力を $P_{m,n}$ とする。式 (12.23) に基づいた計算の後に次の関係が導かれる。

$$\sum_m \sum_n \frac{m P_{m,n}}{m\omega + n\omega_0} = 0 \tag{12.24}$$

$$\sum_m \sum_n \frac{n P_{m,n}}{m\omega + n\omega_0} = 0 \tag{12.25}$$

ここで $\sum_m \sum_n$ は m, n についてそれぞれ $-\infty$ から $+\infty$ までの和である。計算の結果によれば $P_{-m,-n} = P_{m,n}$ が成立するから，第 1 式では m, 第 2 式では n についての $\sum$ は，1 から $+\infty$ までとしてもよい。

式 (12.24)，(12.25) は，発見者の名前からマンリ・ロウの関係と呼ばれている。式の導出の根拠が違うが，たまたま式 (12.22) は，式 (12.24) の特殊な場合になっている。

12.5　不連続な変化

スイッチを用いると素子が連結あるいは切断される。スイッチは抵抗値を 0

と ∞ に切りかえる時変素子と考えてもよいが，それは計算に不便である．スイッチ動作によって回路の構造や特性が大きく変化することが多い．構造が変われば当然方程式も変わる．

接続法則　システムの構造が変わるときには変化の前後を接続する法則が必要になる．例えば2個の質点が衝突したとき，合体したままなのか，あるいは反発して分離するのかを知らなければ，その後の状況を解析することができない（図12.6）．合体するか反発するかは，力学的法則だけでなく，材料の性質にも依存するだろう．

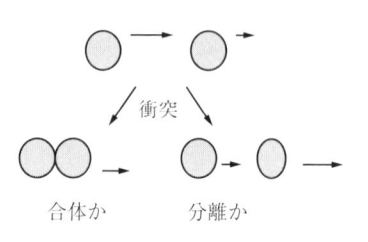

図 12.6　衝突後は？

回路でスイッチがオン・オフしたときには，キャパシタの電圧，インダクタの電流が突然に変わることはない．これは力学における運動量保存則と同じで，キャパシタの電荷 Cv，インダクタの磁束鎖交数 Li が瞬間的には変化しないと考えてもよいし，素子が蓄えているエネルギーが保存されると考えてもよい．蓄えられたエネルギーや物質が突然に増減することはないと考えるのが自然である．多くの場合，なんらかの保存則によって変化の前後が接続される．

保存則の例外　しかし保存則が通用しないことがある．例えば図12.7 (a)でオフであったスイッチSがオンになる．変化の前後でキャパシタ電圧が保存されると仮定すると，スイッチのオン動作後に閉路を作る2個のキャパシタがキルヒホッフ電圧則を満たさないかもしれない．実際このときには，閉路に無限大の電流が流れて新しい状態を生成する．

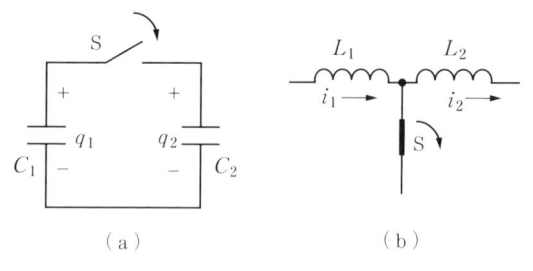

図 12.7　例外的な場合

12.5 不連続な変化

同様に図（b）でインダクタ電流が保存されるとすると，スイッチのオフ動作後にカットセットを作る2個のインダクタがキルヒホッフ電流則を満たさないかもしれない．実際このときには，インダクタに無限大の電圧が生じて新しい状態を生成する．

計算法則 上の例外的な現象は，2個の質点が衝突したときに，瞬間的に無限大の力が働いてそれぞれの質点速度を調整するのと同じである．電気回路でスイッチのオン・オフについて次の法則が得られる．

キャパシタ，インダクタの基本式

$$i = C\frac{dv}{dt}, \quad v = L\frac{di}{dt} \tag{12.26}$$

を

$$i\,dt = d(Cv), \quad v\,dt = d(Li) \tag{12.27}$$

として両辺の意味を考える．第1式の左辺は短時間に流れた電荷，右辺はキャパシタに蓄えられる電荷の変化分であり，第2式も同様に解釈される．

例外的な現象は次のように理解される．

「スイッチ動作後に電圧源とキャパシタだけからなる閉路が新しく生じれば，その閉路には非常に大きな電流がごく短時間流れ，その分だけ各キャパシタの電荷 Cv が変化して閉路の電圧和を0に調整する．」

「スイッチ動作後に電流源とインダクタだけからなるカットセットが新しく生じれば，その間に非常に大きな電圧がごく短時間生じ，その分だけ各インダクタの磁束鎖交数 Li が変化してカットセットへの電流和を0に調整する．」

この変化後のシステムの動作は，変化結果を初期条件とし，新しいシステム構造に基づく方程式によって決定される．スイッチが一度動作しただけならば，回路は時間とともにある状態に落ちつくかもしれない．しかし回路の状態が落ちつく前に再びスイッチが動作すると，過渡現象が重なって複雑な現象が生じるだろう．

13 非線形システムの動作

13.1 状態方程式による解析

非線形性の表現　非線形素子とは，電圧・電流特性が線形から外れる素子である．非線形特性を微分・積分形で表現することもできるが，普通は電圧 v，電流 i，あるいは電荷 q，磁束鎖交数 ϕ などについて，次のような単純形で表現する．

$$v = f(i), \quad q = g(v), \quad \phi = h(i) \tag{13.1}$$

例題 13.1　システムがごく少数の非線形素子を含む場合には，それらを外部に取りだして回路方程式や状態方程式で表現する．例として図 13.1 の回路を考える．ここで N は非線形抵抗，その他は線形素子である．

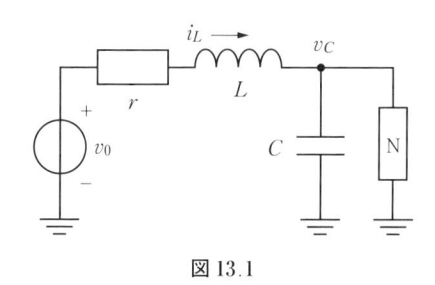

図 13.1

N の電圧電流特性を

$$i = f(v) \tag{13.2}$$

とすると，状態方程式が次のように得られる．

$$\frac{di_L}{dt} = \frac{v_0 - ri_L - v_C}{L} \tag{13.3}$$

$$\frac{dv_C}{dt} = \frac{i_L - f(v_C)}{C} \tag{13.4}$$

13.2 整流素子

折れ線近似 $f(v)$ の関数形と初期条件が与えられれば、数値計算によって解を求めることができる。また非線形関数を折れ線で近似したときには、それに応じて**図 13.2** のように状態平面を分割し、それぞれの領域で非線形素子を直流電源と線形抵抗で表わして線形回路の解法を適用してもよい。

初期条件から出発した解が領域の境界に到達すれば、その点を初期値として次の領域で解を求める。

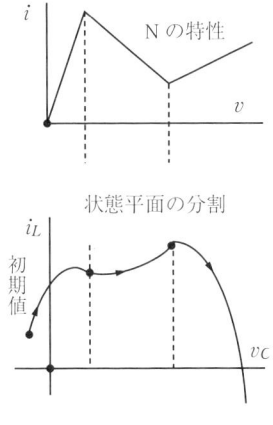

図 13.2 折れ線近似

13.2 整 流 素 子

整流素子 非線形素子の極端な場合として、一方向にしか流れを通さない素子がある。電気回路のダイオード、心臓弁や「ふいご」の弁は特定の方向にしか流れを通さない。それらの素子は、勝手に流れを遮断するのでなく、逆方向に流れが生じようとするとそれを遮断する。このようないわば「受け身」で動作する一方向性素子を、整流素子と呼ぶ。

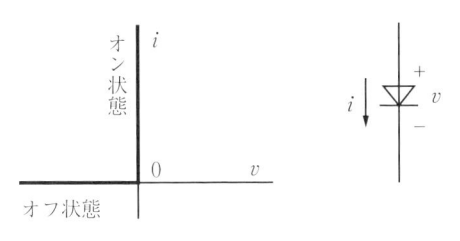

ダイオード ダイオードの動作は、次の 2 状態で表わされる（**図 13.3**(a)）。電圧・電流の向きと整流素子の記号を図 (b) に示す。

図 13.3 ダイオード

$$\text{オン状態:} \quad v = 0, \quad i \geqq 0 \tag{13.5}$$

$$\text{オフ状態:} \quad i = 0, \quad v < 0 \tag{13.6}$$

オン・オフの判定 オン状態は短絡、オフ状態は開放と同じである。回路を解析するとき、ダイオードがどちらの状態にあるかを決定しなければならな

い。オン状態（短絡）を仮定して計算し $i \geq 0$ が得られればそれでよい。またオフ状態（開放）を仮定して計算し $v < 0$ が得られればそれでよい。

ダイオードが1個の場合について上の判定法を**図13.4**に示す。図（a）のダイオードを図（b）のように短絡で置きかえて電流が正方向に流れることを確認する。あるいは図（c）のように開放で置きかえて電圧が逆方向に生じることを確認する。

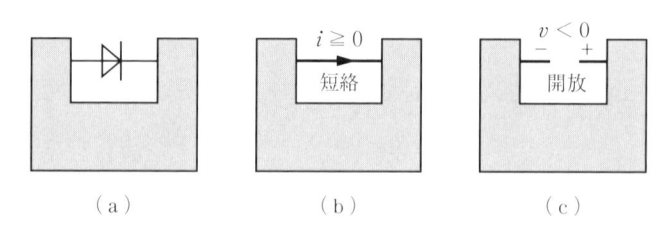

図 13.4 オン・オフの判定法

図（b）と図（c）のどちらも成立しない，あるいはどちらも成立すると困ったことになる。しかしダイオード以外の部分が電源と線形受動素子から構成されているときには，図（b），図（c）のどちらかが成立する。

回路計算 状態方程式を用いて解曲線を求めるには，ダイオードについて次の処理を行う。キャパシタ，インダクタをそれぞれ電圧源，電流源で置きかえ，ダイオードが短絡あるいは開放状態になる領域を位相面上に決定する。それぞれの領域内ではダイオードの状態が確定するから，初期条件から出発して解曲線を辿り，領域の境界に到達すればダイオードの状態を切りかえて操作を続ければよい。状態変数やダイオードの数が増えると領域分割が複雑になり，状況を直観的に把握することが難しくなるが，計算手続きは何次元になっても同じである。

13.3 位　相　面

位相面 13.2節で説明した方法によれば，特定の初期値から出発して

13.3 位相面

解曲線を求めることができる。しかしシステムの全般的な振舞いを見たいときには位相面が用いられる。いま状態変数が i_L と v_C の 2 個であるとする。状態変数を二つの座標軸とする平面を用意すると，平面上の各点がシステムの状態を表現する。

状態方程式を参照して，平面上の各点にある状態が，次の瞬間にどの方向に変化するかを調べ，変化の方向を矢印で示す。状態平面上にシステムの次の挙動を矢印で示したものを，位相面あるいは位相空間と言う（図 13.5）。矢印は向きを示すだけで長さには意味がない。

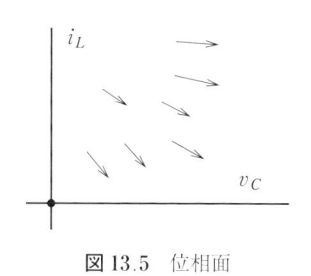

図 13.5 位相面

位相面を描くには次のようにする。式 (13.3), (13.4) のような状態方程式で各辺の割り算をして，di_L/dv_C を求める。それで矢印の勾配が決定される。矢印の向きは元の状態方程式の一つを参照して決める。このような計算と作図はパソコンが容易に実行する。あまり細かく描くと黒く塗りつぶされて状況がわからなくなるから，注意してほしい。

位相面の解釈　　位相面を描くとシステムの大局的な挙動があきらかになる。図 13.6（a）では，平面のどこから出発しても状態は矢印の集中する 1 点に落ちこみ，そこから抜けだすことができない。図（b）では，状態は破線の閉曲線に向かって吸いこまれ，それに沿って回り続ける。このように矢印群はだいたいにおいて地形の高低を表わしているとみなし，重力に従って動くボー

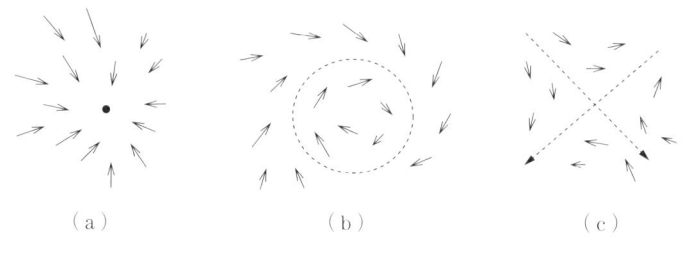

図 13.6 位相面の例

ルを想定すればよい。

図（a）のように近傍から吸いこまれ，少しくらいの擾乱があっても抜けだせない点を，安定平衡点と言う。また図（b）のように近傍から吸いこまれ，少しくらいの擾乱があっても抜けだせない軌道を，安定軌道と言う。不安定平衡点，不安定軌道なども同様に定義される。

問題 13.1 図 13.6（c）は，どのような地形を表わしているのか。

13.4 位相面解析の例

例題 13.2 位相面解析法を式（13.3），（13.4）のシステムに適用する。説明を簡単にするために，キャパシタンス C が充分に小さいとする。2式の割り算をすると

$$\frac{di_L}{dv_C} = \frac{C}{L} \frac{v_0 - ri_L - v_C}{i_L - f(v_C)} \tag{13.7}$$

$i_L = f(v_C)$ の特性が図 13.7（a）のように右下り部分を持つとし，電源側特性 $v_C = v_0 - ri_L$ とは一つの交点Aを持つとする。C が小さいので矢印はほとんど水平である。ただし式（13.7）の分母が0になる曲線 $i_L = f(v_C)$ の近くでは，矢印は垂直になる。

式（13.4）によれば，水平な矢印の向きは特性曲線の上で右向き，下で左向きになる。また式（13.3）によれば，垂直な矢印の向きは電源特性の右側で下

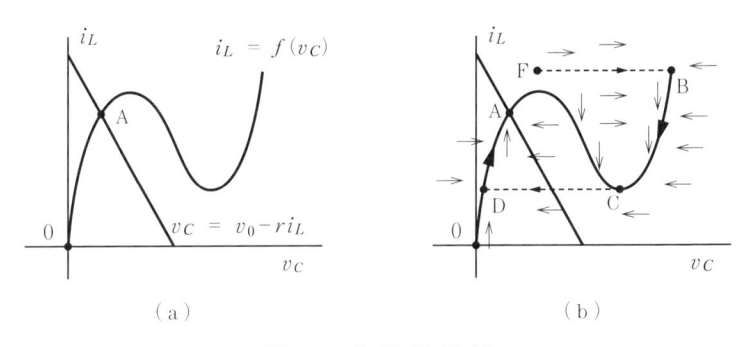

図 13.7 位 相 面 解 析

向き，左側で上向きになる。結局，平面は図(b)のように矢印で覆われる。

システムの挙動　位相面を見れば，システムの挙動はあきらかである。いまシステムの状態が図(b)の点Aにあると，多少の擾乱（トリガーと言う）を受けてもまた戻ってくる。点Aは安定平衡点である。

点Aにある状態が擾乱を受けて点Fに運ばれると，状態は矢印に従って移動し，点Bに到達する。状態は曲線を脱けだすことができず，曲線上を点Cまで移動する。さらに僅かでも擾乱を受けて下方に移動すると，矢印に従って移動し点Dに到達する。そして曲線に沿って点Aに到達すると，そこに落ちつく。結局このシステムは，常時は点Aにとどまっているが，大きな擾乱があると，F → B → C → D → Aという経過を辿って再び点Aに落ちつく。位相面では時間が表に出ないが，元の状態方程式に戻れば，時間的経過や生成波形などを計算することができる。

問題 13.2　例題13.2のシステムで，特性曲線と電源直線の交点が**図13.8**のように3個存在するとき，システムはどのように動作するか。

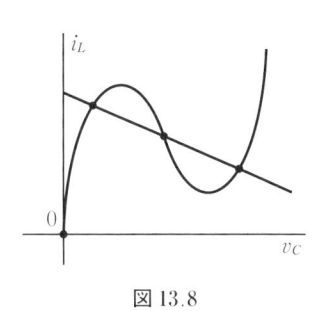

図 13.8

13.5　過度の簡単化

2個以上の状態変数が存在するときには，位相面を構成すればシステムの大局的挙動を理解できる。逆にもっと簡単なモデルを考えることがある。

例題 13.3　図13.9(a)の回路を考える。ここで非線形抵抗Nは，図(b)の曲線nの特性を持つ。半導体，放電管など多くの電子素子がこの形の特性を示すが，13.4節の例とは電圧・電流の軸が入れかわっていることを注意してほしい。電源側は直流電源 v_0 と線形抵抗 r が電源側特性

$$v = v_0 - ri_0 \tag{13.8}$$

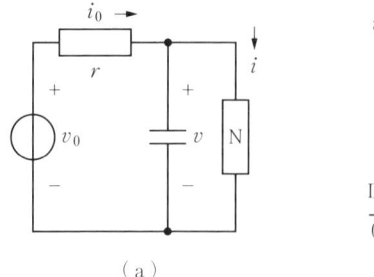

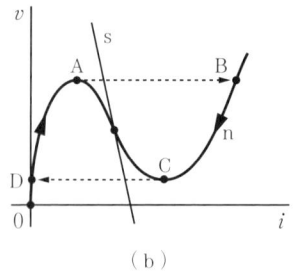

図 13.9 簡単化されたモデル

を直線 s として与える。s と n は特性曲線の右下り部分に 1 個の交点を持つとする。

システムの動作　キャパシタ電圧 v に注目してシステムの動作を考える。図（b）において，v が 0 の状態から出発すると N はほとんど電流を流さないから，キャパシタは充電されて v が増加する。N の状態が点 A に到達しても v はさらに増加しようとする。その瞬間に（キャパシタがあるから v を一定に保ったまま）N の状態は点 B に跳躍する。

点 B では N の電流 i が電源からの電流 i_0 より大きいから，キャパシタは放電を始め，電圧 v が低下して N は点 C に到達する。点 C で電圧はさらに低下しようとするから N は点 D に跳躍する。点 D では N の電流 i が電源からの電流 i_0 より小さく，キャパシタは充電されて N は点 A に向かう。ここからシステムは同じ動作を続ける（無安定システムと言う）。

以上はこの種のシステムについてよく見られる説明である。一応もっともであり，実際にシステムは無安定動作をする。しかし考えてみると，点 B への跳躍がなぜ点 A に到達してから起きるのか。キャパシタ電圧を一定に保つだけでよければ，もっと早い時期に横方向に跳躍してもよいのではないか。このシステムの動作についてはいろいろ疑問が起き，明快な説明をすることが難しい。ここで小さなインダクタを N に直列に挿入して位相面を描けば，動作がより明確になる。数学的な根拠はないが，2 個以上の状態変数を用いることに

よって現象の本質に近づく場合が多い.

13.6 定常波形の近似計算

非線形方程式の解を解析的に導出できる場合は少ないが，いまでは標準的な数値解法が普通に使われており，任意の初期状態から出発した解曲線を容易に求めることができる．いっぽう PC が普及して解曲線の計算に用いられる前には，非線形システムに対する近似解法が数多く工夫された．それらの中にはいまでも役に立つ方法がある.

正弦波発振器では，2階の微分方程式

$$\frac{d^2 x}{dt^2} + x = 0 \tag{13.9}$$

が基本になる．この周期解を x_0 と書く．この式では固有振動が正弦波になるが，このままでは振動振幅の増加・減衰が表現できない．

正負の抵抗 振動が立ちあがり，あるところで落ちつくためには，回路にまず負抵抗が接続され，振動の振幅がある程度大きくなるとそれが正抵抗に変わることが必要である．そのために式 (13.9) を次のように変更する．

$$\frac{d^2 x}{dt^2} - \mu(1 - x^2)\frac{dx}{dt} + x = 0 \tag{13.10}$$

ここで μ は正の小さい実数である．

上式は，図 13.10 のような 3 次式の電圧電流特性を持つ非線形抵抗を LC 共振回路に並列に接続したとして，説明できる（試みよ）．ここでは x がある値になると，第 2 項が負から正に変わる．

定常的周期振動 式 (13.10) を数値的に解くことはもちろん可能だが，μ が 0 であれば正弦波を

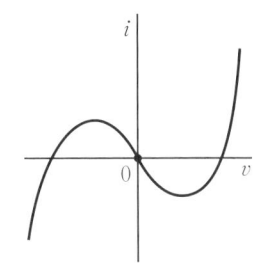

図 13.10 3 次特性

生じるのだから，μ が小さければ正弦波とあまり変わらない周期振動が生じると予想される．そのような定常的周期振動を求めるための近似解法が工夫され

ている。

微分方程式が僅かに変化すると解も僅かに変化するはずだとして，近似計算をする方法がある（せつ動法）。このシステムでも，ある初期値から出発した解曲線をせつ動法によって求めることができる。しかし充分時間がたったときの定常状態での波形を求めようとすると問題が起きる。

式(13.10)では，第2項が存在するために振動の周期が$\omega = 1$から僅かにずれるが，どれだけずれるかはわからない。定常状態を求めるために波形を追って近似計算を続けると，周期が僅かにずれているだけでも，波形はしだいに大きくずれてしまい，近似ができなくなる。

せつ動法の変形 そこで次の計算法が工夫された。（未知の）周期に対応する角周波数をωとし，$\omega t = \tau$とおく。μの影響によってωは1から僅かにずれるはずである。τは未知の周期を2πに規準化したときの時間変数である。τを独立変数として式(13.10)を書きなおすと

$$\omega^2 \frac{d^2 x}{d\tau^2} - \omega\mu(1 - x^2)\frac{dx}{d\tau} + x = 0 \tag{13.11}$$

ωもxもμの影響で僅かに変化するはずだから，μの関数として次のようにおく。

$$\omega = 1 + \mu\omega_1 + \mu^2\omega_2 + \cdots \tag{13.12}$$

$$x = x_0 + \mu x_1 + \mu^2 x_2 + \cdots \tag{13.13}$$

式(13.12)，(13.13)を微分方程式に代入し，μのべきについて整理すると，次式を得る。

$$\frac{d^2 x_0}{d\tau^2} + x_0 = 0 \tag{13.14}$$

$$\frac{d^2 x_1}{d\tau^2} + x_1 = -2\omega_1 \frac{d^2 x_0}{d\tau^2} + (1 - x_0^2)\frac{dx_0}{d\tau} \tag{13.15}$$

$$\vdots$$

時刻の原点を適当に設定すれば，式(13.14)から

$$x_0 = a_0 \cos\tau \tag{13.16}$$

とおいてよいだろう。a_0 は未決定定数である。式 (13.16) を式 (13.15) に代入すると，次式のようになる。

$$\frac{d^2 x_1}{d\tau^2} + x_1 = \left(-a_0 + \frac{a_0^3}{4}\right)\sin\tau + 2\omega_1 a_0 \cos\tau + \frac{a_0^3}{4}\sin 3\tau \tag{13.17}$$

ここで右辺第 1 項，第 2 項が存在すると，解 x_1 は増大正弦波の項を含み，定常的波形を与えない。定常波形を求めるためにこれらの項を 0 とおくと

$$a_0 = 2, \quad \omega_1 = 0 \tag{13.18}$$

となって，x_0 および ω に含まれている未定の定数が決定される。

以上の操作を続けていけば，周期解の僅かな周波数のずれと定常波形，特に正弦波からのずれ（つまり，ひずみ）が決定される。

13.7 振動の立上り

振動の振幅変化を追いたい，例えば正弦波発振器の振動の立上りを計算したいことがある。波形を丁寧に追えば状況がわかるはずだが，定常状態に落ちつくまでには非常に長い計算が必要になる。Q が大きい場合には特に能率が悪い。例えば 1 MHz の発振器で定常状態に落ちつくまでに 1 秒かかるとすると，10^6 個程度の振動波形を計算しなければならない。それでは計算時間が長くなり，誤差も累積する。しかしこの場合に調べたいのは個々の波形ではなく，その包絡線である（図 13.11）。

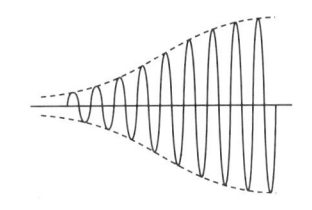

図 13.11 振動の立上り

包絡線の計算　　発振器の動作が式 (13.10) によって表わされているとし，包絡線内部の細かな波形を大胆に角周波数 1 の正弦波で近似する。方程式を 1 階の方程式系に分解して次のように書く。

$$\frac{dx}{dt} = y \tag{13.19}$$

$$\frac{dy}{dt} = -x + \mu(1-x^2)y \tag{13.20}$$

$\mu = 0$ のとき，上の2式の解は

$$x = a\cos t + b\sin t \tag{13.21}$$

$$y = -a\sin t + b\cos t \tag{13.22}$$

となる。

μ が小さい正の実数であるとき，上式の a, b が時間関数であるとして解を導く（定数変化法）。a, b を時間関数として式 (13.21), (13.22) を微分し，式 (13.19), (13.20) に代入して整理すると，次式を得る。

$$\frac{da}{dt} = -\mu f \sin t, \quad \frac{db}{dt} = \mu f \cos t \tag{13.23}$$

ここで

$$f = \{1 - (a\cos t + b\sin t)^2\}(-a\sin t + b\cos t) \tag{13.24}$$

である。正弦波の振幅・位相が緩やかに変化するから，1周期の間には式 (13.24) の a, b を一定とみなす。式 (13.24) を展開すると

$$f = \left(-a + \frac{a^3}{4} + \frac{ab^2}{4}\right)\sin t + \left(b - \frac{a^2 b}{4} - \frac{b^3}{4}\right)\cos t + \cdots \tag{13.25}$$

となる。

これを1周期分だけ積分し，高調波成分は消えるとして，1周期間の f の変化，したがって a, b の変化を求める。すなわち

$$\Delta a = \pi\mu\left(-a + \frac{a^3}{4} + \frac{ab^2}{4}\right) \tag{13.26}$$

$$\Delta b = \pi\mu\left(b - \frac{a^2 b}{4} - \frac{b^3}{4}\right) \tag{13.27}$$

これが a, b の1周期ステップの変化を与えるものとし，初期値から出発して1周期間隔で逐次計算すればよい。x の振幅 $\sqrt{a^2 + b^2}$ が近似的に包絡線の振幅を与える。振動周期について大胆な仮定をしたから，位相は当てにならない。

文　　　献

　この本の内容はきわめて独特なものなので，ここから先へ進むための単行書は存在しない．本書で詳しい説明を省略した部分，さらに理論を発展した部分についての文献は特殊な雑誌や大学のレポートなどに散在しており，いまではもう丁寧に勉強しなくてもよいかもしれない．特徴のある図書を挙げておく．内容的にこの本をカバーするものではないが，勉強する価値はある．書店等で購入可能な本もあり，なければ大学の図書室などにあるだろう．読むと頭の鍛錬になる論文は多数あるが，おこがましく私のものを含め3編だけ挙げておく．

【特徴ある単行書】
1) 宮田房近：回路網合成，共立出版（1954）
2) 尾崎　弘：RC回路網，共立出版（1955）
3) 喜安善市ほか：回路網理論，岩波書店（1957）
4) 斎藤正男：回路網理論入門，東京大学出版会（1967）
5) 高橋進一，有本　卓：回路網とシステム理論，コロナ社（1974）
6) 古賀利郎：回路の合成，電子情報通信学会大学シリーズ C-3，コロナ社（1981）
7) 武部　幹：回路の応答，電子情報通信学会大学シリーズ C-2，コロナ社（1981）
8) J. J. Stoker：Nonlinear Vibrations, Interscience Publ.（1950）
9) J. E. Storer：Passive Network Synthesis, McGraw-Hill（1957）
10) E. S. Kuh and D. O. Pederson：Principles of Circuit Synthesis, McGraw-Hill（1959）
11) N. Minorsky：Nonlinear Oscillations, D. Van Nostrand（1962）
12) L. Weinberg：Network Analysis and Synthesis, McGraw-Hill（1962）
13) R. W. Newcomb：Linear Multiport Synthesis, McGraw-Hill（1966）
14) L. O. Chua：Nonlinear Network Theory, McGraw-Hill（1969）
15) R. A. Rohrer 著，斎藤正男，篠崎寿夫　訳：Circuit Theory - An Introduction to The State-Variable Approach，学献社（1973）

【論　文】
1) 大野克郎，安浦亀之助：S行列による多端子構成理論，信学誌，p. 564（1953）
2) 尾崎　弘，嵩　忠雄：線形受動物理系の回路理論的取扱いの基礎について，信学誌，p. 1214（1958）
3) D. C. ユーラ，斎藤正男：正実関数による補間について，信学誌，p. 1280（1972）

問題のヒント

　本文中の問題は計算練習のためでなく，自分で考え，あるいは仲間と議論して理解を深めてもらうためのものである．ヒントを以下に示す．なお問題5.3と問題6.1は，難しければ無視してもよい．

1.1 (p.6)　　モデルの役目は，設定条件と実現される特性との関係をあきらかにすることである．例えば電気抵抗について少し論じてほしい．

1.2 (p.11)　　電力の計算は容易である．無効電力の合計は0にならない．無効電力保存の証明を辿ると，相反性が前提になっていることがわかる．

2.1 (p.13)　　フーリエ解析は線形性を前提にしている．しかし正弦波交流計算法とスイッチを含む回路では，線形性に対する関数と係数の条件が異なる．矛盾する例を考えよ．

2.2 (p.19)　　定義（相反性1）に当てはめよ．また後の定義（相反性2, p.102）にも当てはめてみよ．

3.1 (p.25)　　v を電流（x を電荷）とし，微分方程式を閉路方程式とみなすと等価回路が得られる．図3.7（b）とは構造が違う．

3.2 (p.31)　　c_1, c_2 の電圧をそれぞれ v_1, v_2 とし，$v_2 = v_0 - v_1$ として，v_1 に対する微分方程式を導け．式 (3.13) の形が得られる．

4.1 (p.41)　　変圧器と2個のインダクタからなる等価回路を考えよ．自由度は一般に2，密結合の場合1である．

4.2 (p.42)　　L, C 双方を含む回路について安定性を論じると，素子の数値関係によって安定または不安定な場合が生じる．そこで L または C を0に近づけると，1個の場合の性質に一致する．

5.1 (p.47)　　本文の説明通りに設定する．独立な閉路電流は4個である．

5.2 (p.49)　　インピーダンスは3次（分母3次，分子2次）で，L, C の総数と一致する．

5.3 (p.51)　　$B = H^{-1}$ とし，$B(p)$ の極を p_i として，$\det A(p_i)$ が0, 有限値, ∞ の三つの場合を考え，それぞれにおいて p_i における H と A の次数を比較せよ．結論として，総次数に対して $\deg H \leq \deg B$ が導かれる．同様に $\deg B \leq \deg H$ が成立するから，$\deg B = \deg H$ となる．

6.1 (p.55)　　これはSchwarzの定理（関数 $f(z)$ が単位円内で正則，$f(0) = 0$, 単位円上で $|f(z)| < 1$ ならば，単位円内で $|f(z)| < |z|$）の面白い応用である．変数変換 $q = (p-1)/(p+1)$, $s = (Z-1)/(Z+1)$ を適用し，関数関係を改めて $s(q)$ とおく．q の単位円内で $s(q)$ は正則である．単位円内の2点を q_1, q_2 と

問題のヒント　　145

し，対応する値をそれぞれ s_1, s_2 とする．いま $w = (q_1-q_2)/(1-q_1^* q_2)$, $W = (s_1-s_2)/(1-s_1^* s_2)$ とおくと，$W(w)$ に対して Schwarz の定理が適用され，単位円内で $|W| < |w|$ である．$q_1 = q_2^*$, $W_1 = W_2^*$ とすると結論が得られる．

6.2, 6.3 (p.59)　　省略．

6.4 (p.59)　　固有振動を時間関数で表わせ．減衰正弦波になり，Q 番目の山の高さは最初の山の高さの約 4.3% になる．つまりオシロスコープ上で見える山を数えると，ごくだいたいの Q が推定できる．

6.5 (p.59)　　問題 6.3 の結果を利用せよ．近似計算であるが，$Q = 67$．

6.6 (p.61)　　一つの考え方としては，ある終端から出発して LC 区間を一つずつ接続して極限を求める．別の考え方としては，無限接続のインピーダンスを Z とし，Z に LC 区間を一つ接続しても入力インピーダンスはやはり Z になるとし，方程式を立てる．前者の場合には収束条件がわかりやすいが，後者の場合には二つの解が得られる．どちらを選ぶべきか考えよ．

7.1 (p.67), **7.2** (p.69)　　省略．

7.3 (p.69)　　式 (7.4) から導かれる．等号は X が 1 次以下の場合に成立する．図上の意味はあきらか．

8.1 (p.80)　　省略．

9.1 (p.91)　　簡単のために変化を小さいとする．極板に働く力は，電荷×電界の半分（電磁気学を参照せよ）．電荷を一定に保って極板を引きはなすとき，人間のする仕事を計算し，キャパシタのエネルギー変化と比較せよ．

9.2 (p.96)　　式 (9.17) で F と F_{11} が入れかわる．

9.3 (p.99)　　増幅器の増幅度を ∞ としヌレータを仮定すると，出力は $0 \times \infty$ の不定値になる．実はこのとき，増幅器出力を表わす電圧源がノレータになっている．

10.1 (p.108)　　省略，**10.2** (p.108)　　省略．式 (3.8) も参考にせよ．

10.3 (p.111)　　省略．

10.4 (p.113)　　増幅器の入力抵抗，増幅度などを有限値に設定して考えれば問題なく信号線図が描ける．しかし，はじめからヌレータを設定して節点電位などから描き始めると，矢印の合計が 0 になるといった条件に遭遇して進めなくなるはずである．

11.1 (p.120)　　周回の向きが数学と逆であることに注意して，留数定理に基づいて計算せよ．

11.2 (p.123)　　式 (11.15) で R を振幅特性〔dB〕とし，減衰の激しい部分に着目して近似計算をすると，ω の小さい領域での位相遅れが周波数に比例することが導かれる．比例定数の値について簡単に考察せよ．

13.1 (p.136)　　いわゆる鞍点で，峠の形の地形である．

13.2 (p.137)　　位相面を描いてみよ．3 個の交点のうちで両側の 2 点は安定平衡点，中の点は不安定平衡点になる．システムは二つの安定平衡点のいずれかに止まり，大きな擾乱を受ければ他の安定平衡点へ移動する．

索　　　　　引

【あ】

I–I 型	9
I–V 型	9
アナロジー	3, 21
RL 回路	74
RC 回路網	74
RC 伝達関数	75
安定軌道	136
安定性	35, 52
──の判定	114
安定性命題	52
安定な関数	114
安定平衡点	136
安定余裕	118

【い】

位相面	134
位相面解析	136
位相余裕	119
一意性	27
1 次関数	119
一方向性	106
一般解	32
因果関係	107, 113
インダクタ	8

【う】

運動量保存則	130

【え】

s 関数	79
S 行列	82

枝	43
エネルギー変換	91
エネルギー保存則	91
LC 並列回路	57
エルミート正値行列	63
エルミート対称分	62
演算増幅器	98
演算増幅器回路	113

【お】

大づかみな表現	27
オーム則	22
折れ線近似	133
オン・オフ	124, 130, 134

【か】

階　数	39
解析的延長	55, 65
解の存在	27, 96
開ループ	115
回　路	5
回路関数	40, 48
回路関数の修飾	94
化学反応	106
隠された固有振動	41
過小独立	99
過小独立度	100
過大独立	99
過大独立度	100
カットセット	28, 30, 47, 131
過渡現象	131
還送差	94, 116

観測可能性	41
簡単化	137

【き】

木	44
機械振動システム	24, 25, 68, 73
帰還	93
奇関数	66
帰還利得	93, 116
基準値	73
基準定数	79
基準点	23
軌　跡	118, 119
キャパシタ	8
Q	59
狭義の安定	38
狭義の安定性	18, 36
狭義のフルビッツ多項式	37
共振回路	90
共振現象	58
共通因数	40
共通帰線	73
共通言語	4
行列の次数	50
極	53, 56, 66
──の次数	50
虚軸上の極	56
虚軸に近い極	58
キルヒホッフ電圧則	22
キルヒホッフ電流則	22
近似解法	139

索　　　　　　引　　147

【く】

空間構造	23, 43
偶関数部	60
グラフ	43

【け】

係数行列式	34, 40, 116

【こ】

互除法	67
固有振動	33
——の数	39
固有振動指数	35
コンピュータ任せ	1

【さ】

最小位相	123
最小数	64
最大電力	81, 84
先回り	111

【し】

次　数	40, 48, 49, 106
システム	3
システム方程式	26
実部からの復元	60
実部と虚部	120
時不変	10, 14
時　変	10, 14
時変システム	124
時変素子	125, 128
ジャイレータ	8, 26
重　根	33, 37
集中定数	10, 15
自由度	39, 48, 64, 103
周波数変換	92
出力節点	109
受　動	10, 16
受動システム	52

受動4端子素子	8
受動性	16, 52, 83
受動2端子素子	7
受動非相反システム	105
主　部	57, 66
巡　回	111
順　路	109
順路利得	109
小行列式	95
状態変数	30
状態方程式	29, 39, 132
冗長性	46, 111
衝　突	130
信号線図	107
振幅と位相	122
振幅余裕	119

【す】

スイッチ関数	124
スイッチ動作	124
ず　れ	100

【せ】

制御電源	9, 93
正係数定理	77
正弦波発振器	114, 139
正実関数	56
正実行列	62, 63
正　則	56
正値性	54, 62
制　約	25, 73, 98
整流素子	133
積型標準形	68, 74
接　触	110
接続法則	130
接地点	23
節　点	43
せつ動	42
せつ動法	140
線　形	10, 125

線形性	12

【そ】

相互インダクタ	8, 41
双対性	44
相　反	10
相反性	18, 102
双方向性	107
測　定	115, 116
素　子	7
——の対等性	92
損　失	10

【た】

ダイオード	106, 133
大局的	12
代数的	48
多周波数成分	124
多重零点	37
多端子網	64
立上り	141

【ち】

力の釣合い	23

【て】

低域通過形	73, 76
抵　抗	7
抵抗終端伝達関数	83
抵抗終端リアクタンス回路	71
定常波形	139
定数変化法	142
適度独立	99, 100
電圧源	7
電　位	22
展開公式	66
電気回路	4
電　源	7
伝送零点	72

伝達関数　　71, 83, 84, 110	【の】	負キャパシタ　　16
伝搬定数　　79		複雑さ　　39, 48
電流源　　7	能　動　　10, 16	複素数表示　　125
	能動性　　16, 88, 105, 128	負値インダクタンス　　97
【と】	——の基本原理　　89	負値キャパシタンス　　97
等価回路　　5, 23	能動相反システム　　105	物質輸送システム　　25
特異なせつ動　　42	能動素子　　9	物理的法則　　22
特異な素子　　100	ノレータ　　97, 100	不　定　　27
特異な例　　97		負抵抗　　9, 41, 89
特　解　　32	【は】	不　能　　27
特性インピーダンス　　79	バイアス　　14, 89	ブラックボックス　　12
特性多項式　　35, 114	梯子形回路　　67, 76	ブランコ　　90
特性方程式　　35	波　長　　15	古い記号　　7
独立な解　　39	発　散　　35	フルビッツ多項式　　37, 69
独立な閉路　　47	波　動　　15, 79	不連続な変化　　129
時計回り半円　　119	パラメータ励振　　90	分布定数　　10, 15
閉じた性質　　19, 103	反射係数　　81	分　類　　10, 12
閉じた表現　　86	反射波　　79	
トポロジー　　43	半分の自由　　60, 119	【へ】
トリガー　　137		平面回路　　46
	【ひ】	並列キャパシタンス　　120
【な】	ひずみ　　141	閉　路
ナイキストの判定法　　118	非線形　　10	28, 30, 43, 47, 109, 131
なんでもあり　　97, 103	非線形性　　132	閉路利得　　110
	非線形素子　　14, 129	ベクトル・行列形　　31, 127
【に】	非相反　　10	変圧器　　8, 26, 64, 105
2学年制の学校　　108, 111	非相反回路　　106	変圧器なし共通帰線　　77
2種素子システム　　65	非相反性　　105	弁素子　　89
入射波　　79	非平面回路　　46	
入力インピーダンス　　72	表現可能性　　86	【ほ】
入力節点　　109		包絡線　　141
人間関係　　107	【ふ】	補　木　　44
	不安定　　35	保存則の例外　　130
【ぬ】	不安定軌道　　136	ポテンシャル　　22
ヌレータ　　97, 100	不安定平衡点　　136	梵　鐘　　34
	V－I型　　9	
【ね】	V－V型　　9	【ま】
熱伝達システム　　23, 25	フィードバック　　93, 108	マンリ・ロウの関係　　129
熱・物質システム　　73	フィルタ　　128	
	負帰還　　119	

【み】

未知数の数	46, 47

【む】

無安定動作	138
無限遠点	67
無限行列	127
無限個	51, 53, 61
無限大の電圧	131
無限大の電流	130
無損失	10, 85
無損失システム	65
無損失性	17

【め】

メーソンの公式	110

【も】

模擬回路	116
モデリング	21
モデル	5

【や】

矢　線	107

【ゆ】

有界実関数	81
有界実行列	83
有向線分	107
有能電力	84

【り】

リアクタンス関数	65, 69

【り】

理想化	5
理想ジャイレータ	8
理想変圧器	8
留　数	57

【る】

類似性	3

【れ】

例外的な場合	30
零点の抽出	72
連続量	22
連分数展開	67

【ろ】

炉の温度	108

―― 著者略歴 ――

1956 年	東京大学工学部電気工学科卒業
1962 年	工学博士（東京大学）
1963 年	東京大学工学部助教授
1974 年	東京大学医学部教授
1994 年	東京電機大学工学部教授
1994 年	東京大学名誉教授
2004 年	東京電機大学名誉教授

医用生体工学，回路システム論の研究教育，医療の安全性，電磁界と生体，医療技術の国際協力，人間機械学などの研究に努めた。多数の境界領域学会の会長等役員を務めた。国際医用生体工学会等の名誉会員。学協会等の表彰も多い。著書「制御と学習の人間科学」（コロナ社），「ハイテク・IT で変わる人間社会―人間と機械の異文化交流―」（コロナ社），「ケータイで人はどうなる」（東京電機大学出版局），「電気回路・システム入門」（コロナ社）など。

電気回路・システム特論
Advanced Theory of Systems and Electric Circuits

Ⓒ Masao Saito 2011

2011 年 5 月 11 日　初版第 1 刷発行

検印省略	著　者	斎　藤　正　男
	発行者	株式会社　コロナ社
	代表者	牛来真也
	印刷所	新日本印刷株式会社

112-0011　東京都文京区千石 4-46-10

発行所　株式会社　コ ロ ナ 社
CORONA PUBLISHING CO., LTD.
Tokyo Japan

振替 00140-8-14844・電話(03)3941-3131(代)

ホームページ http://www.coronasha.co.jp

ISBN 978-4-339-00820-3　（高橋）　（製本：愛千製本所）
Printed in Japan

本書のコピー，スキャン，デジタル化等の無断複製・転載は著作権法上での例外を除き禁じられております。購入者以外の第三者による本書の電子データ化及び電子書籍化は，いかなる場合も認めておりません。

落丁・乱丁本はお取替えいたします